말습관을 바꾸니
아이가 달라졌어요

말습관을 바꾸니
아이가 달라졌어요

초 판 1쇄 2021년 12월 23일
초 판 2쇄 2022년 02월 15일

지은이 강민경
펴낸이 류종렬

펴낸곳 미다스북스
총괄실장 명상완
책임편집 이다경
책임진행 김가영, 신은서, 임종익, 박유진

등록 2001년 3월 21일 제2001-000040호
주소 서울시 마포구 양화로 133 서교타워 711호
전화 02) 322-7802~3
팩스 02) 6007-1845
블로그 http://blog.naver.com/midasbooks
전자주소 midasbooks@hanmail.net
페이스북 https://www.facebook.com/midasbooks425

© 강민경, 미다스북스 2021, *Printed in Korea*.

ISBN 978-89-6637-620-9 03590

값 15,000원

미다스북스는 다음세대에게 필요한 지혜와 교양을 생각합니다.

행복한 아이를 만드는 엄마의 현명한 언어 생활

강민경 지음

"말습관"을
바꾸니
아이가
달라졌어요

미다스북스

엄마도
엄마가 처음이라서
잘 모르는 게 많았어

아이를 잘 키우고 싶어 하는 부모들이 참 많다. 아이를 낳고 부모가 된 후에 어떻게 아이를 이끌어야 할지 몰라 힘들어하거나 지치는 부모들도 많다. 우리 아이들이 사는 세상이 어디까지 변할지 몰라 두려움을 호소하는 부모들도 꽤 있다. 나는 그런 부모들에게 20년간 두 자녀를 키운 경험과 15년간의 어린이집 운영 경험, 대화법과 감성능력 교육을 듣고 알게 된 경험을 토대로 도움이 되는 팁을 알려주고 상담을 해주고 싶다는 생각을 하고 있었다.

딸이 사춘기가 시작되면서 부모와의 갈등으로 어려운 점이 많았다. 딸은 부모와 말이 안 통한다며 방문을 닫고 마음의 문을 닫았다. 나는 딸을 '버릇없다.'라고 생각하면서 "반성해라, 예의 있게 행동해야지."라고 말하며 가르치려고만 했다. 사춘기 딸은 나를 가리켜 '꼰대'라고 했다. 나는 딸과 대화를 하려 해도 부딪치기만 하고 점점 소통이 안 됐다.

그동안은 잘 커준 딸을 보며 아이 키우기에 자신이 있었다. 그러나 사춘기 딸과 점점 사이가 멀어지게 되자 나는 깊은 고민에 빠지게 되었다. 아이 키우는 데 자신감이 떨어지고 나의 양육 방법이 옳은지 혼란스러웠다. 유아교육까지 공부하고 보육의 경험이 많은 어린이집 원장임에도 불구하고 양육과 훈육 그리고 아이를 가르치는 것에 대해 그동안 가졌던 삶의 철학이 흔들렸다.

아이가 어리면 어린대로, 학교에 들어가면 들어가는대로 어려운 문제가 닥쳤다. 아이가 사춘기가 되자 외계인과 말하고 있는 느낌이었다. 어떨 때는 정말 기가 막히는 일도 많았다. 그럴 때마다 나는 긍정적으로 생각을 전환하려고 노력했다. 한숨 돌린 후, 육아 서적, 관련 교육 책을 찾아보고 다양한 인터넷 정보도 찾고 주변 경험자의 이야기도 들으면서 내 아이에게 맞는 방법을 찾고 적용하며 잘 키우려고 노력했다.

마음의 문을 닫은 딸과 소통이 되지 않는 것은 부모로서 더욱 불안하고 걱정되는 일이라는 것을 깨달았다. 당시 지인의 추천으로 〈제주지역사회교육협의회〉에서 〈올바른 부모-자녀 대화법〉 부모교육을 듣게 되었다.

말습관을 바꾸니 아이가 달라졌어요

아이가 성장함에 따라 부모도 같이 성장해야 부모의 역할을 제대로 할 수 있다는 것을 크게 깨닫게 되면서 나를 다시 변화시키기 위해 노력했다.

우선 나를 돌아봤다. 나는 평소 말습관은 가르치려고 하는 경향이 강했다. 아이를 존중하고 이해하며 사랑을 표현하는 말습관은 부족했다. 그리고 내가 아이에게 바라고 원하는 것을 제대로 구체적으로 말하는 습관도 부족했다. 부족한 나를 돌아보고 반성하게 되면서 내 아이를 존중하고 이해하기 시작했다.

나는 완벽하지 않은 사람이다. 그리고 세상에는 완벽한 사람도 없다. 나를 반성하고 딸에게 미안하다고 말했다. "엄마도 엄마가 처음이라서 잘 모르는 게 많았어. 실수도 많았다. 그런 엄마여서 미안해."라고 딸에게 말했다. 그러면서 딸은 마음의 문을 열었고 소통이 되기 시작했다. 딸에게 "엄마 딸로 태어나줘서 고마워."라는 말을 할 수 있었다.

처음 아이를 키우는 초보 부모들 중에 지금 육아에 어려움을 느끼거나 아이와의 관계를 변화하고 싶다면 부모부터 변해야 아이도 변하게 된다는 경험과 세상이 변하는 것은 자연스런 일이라고 말해주고 싶다. '변하는 것을 거부하거나 두려워하지 말라.'라고 이야기해주고 싶다. 육아도 아이가 변화하는 과정을 함께하는 것이다. 함께하는 삶 속에 즐거움과 행복이 있다는 것을 알려주고 싶다.

그리고 부모의 역할은 바뀌어야 한다. 아이가 성장함에 따라 부모도 성장해야 한다. 부모에게는 아이를 보호하고 양육하며 훈육할 역할이 있다. 아이가 잘 성장할 수 있도록 격려하고 상담자 역할도 해야 한다. 그러고 아이를 독립시키고 떠나보내면서 인생의 동반자가 되어야 한다. 나도 아이와 함께 부모로서 행복하게 성장했다.

지금 스무 살이 넘은 두 아이들을 바라보며 아이를 키우는 일은 가치 있는 일이라는 것을 느낀다. 세상에 태어나 가치 있는 일을 한 나는 내 스스로를 잘했다고 칭찬해주고 싶다. 그러면서 나의 자존감이 커져갔다. 아이를 잘 키우기 위해 노력하는 부모는 가치 있는 일을 하는 소중한 사람이라고 칭찬 받을 만하다. 육아에 도움을 받고 싶어 하는 부모들에게 좋은 롤 모델이 되기 위해 나는 더욱 노력하는 삶을 살아갈 것이다.

최근 나는 책 쓰기와 인생 2막 준비로 강연가가 되고 싶다는 버킷리스트를 작성했다. 인터넷 검색을 하다가 〈한국책쓰기강사양성협회〉의 1일 특강에서 김태광 대표님을 만났다. 특별한 생각 없이 특강을 들었는데 책을 써야겠다는 결심을 하게 되었다.

내가 책을 쓸 용기를 내는 일은 쉽지 않았다. 김태광 대표님의 『김대리는 어떻게 1개월만에 작가가 됐을까』라는 책을 읽고 나서 책을 쓸 수 있겠다는 용기가 생겼다. 나는 시, 소설, 수필이 아닌, 나의 경험을 살린 책을 써야 한다고 생각했다. 그리고 자녀 양육에 대한 행복함을 전하는 희망 강연도 하고 싶다는 생각이 들었다.

아이를 잘 키우기 위해 여러 책을 찾아보고 인터넷 정보도 찾고 주변 사람들과도 정보를 공유했다. 또 나는 대학에 편입하여 유아교육을 다시 공부하기도 했다. 그 모든 도전들은 나를 보육전문가가 될 수 있도록 길을 이어주었다. 꾸준히 아이를 키우고 어린이집 원장으로서의 경험이 아이를 키우는 부모들에게 도움을 줄 수 있는 일을 하고 싶다. 그런 생각으로 책을 쓰게 되었다. 책을 쓰다 보니 강연가, 코치, 동기부여가의 또 다른 꿈이 생겼다. 그리고 도전하고 있다.

내가 책을 쓸 수 있도록 용기를 주시고 끌어주신 〈한국책쓰기강사양성협회〉의 김태광 대표님께 다시 한번 감사드린다. 그리고 나의 인생에서 엄마라는 가치 있는 경험으로 책을 쓸 수 있도록 해준 나의 딸과 아들에게 내 아이로 태어나줘서 고맙다는 말을 전한다. 그리고 늘 옆에서 든든하게 나를 지원해주는 남편에게도 더욱 고맙고 사랑한다. 또한 늘 곁에서 응원해주는 오빠, 여동생들 모두에게도 감사함을 전한다. 마지막으로 삶에서 자신이 제일 중요하다는 말을 해주시고 삶의 좋은 본보기를 보여주시는 친정엄마께 고맙고… 건강하시기 바란다.

목차

프롤로그   엄마도 엄마가 처음이라서 잘 모르는 게 많았어   005

1장 나는 아이를 잘 키우는 부모가 되고 싶었다

01 아이와 어떤 대화를 하느냐가 아이의 자존감을 결정한다   017
02 아이를 부모와 같은 인격체로 존중해주면서 대화한다   024
03 공감 잘하는 부모가 공감 잘하는 아이를 만든다   031
04 아이에게 변화를 원한다면 아이를 보는 부모의 시각이 달라져야 한다   039
05 나는 아이를 잘 키우는 부모가 되고 싶었다   046
06 부모가 먼저 바뀌어야 아이가 바뀐다   054
07 부모는 자녀를 성공으로 이끄는 안내자이다   062

2장 아이의 자존감은 엄마의 말습관에 달려 있다

01 부정적인 언어는 아이의 마음을 차갑고 이기적으로 만든다   073

02 화를 내면 아이에게 나쁜 본보기를 보여주게 된다   080

03 긍정적인 질문은 아이에게 긍정적인 대답을 유도한다   087

04 엄마가 말을 꺼내기 전에 먼저 아이의 생각을 물어보자   094

05 긍정적인 언어는 아이들의 자존감을 키운다   101

06 화를 내고 다그치면 아이는 반항심이 생긴다   108

07 무조건 못하게 하는 것이 정답은 아니다   116

08 아이와 똑같이 화를 내는 것은 어리석은 행동이다   123

3장 아이에게 화내고 다그치기 전에 먼저 알아야 할 것

01 아이는 부모에게 사랑받기 위해 태어났다   133

02 자기 자신을 이해하는 부모에게 아이는 마음의 문을 연다   140

03 부모가 믿는 만큼 아이는 성장한다   147

04 권위 있는 부모는 사랑과 규칙을 엄격하게 구분한다   154

05 아이가 달라지려면 부모가 먼저 달라져야 한다   161

06 세상에 완벽한 아이는 없다   168

07 부모의 지나친 말은 아이를 무기력 하게 만든다   175

4장 아이들의 변화를 이끌어내는 엄마의 말습관

01 비난하거나 평가하는 상처 주는 말을 멈추자   185

02 아이를 부모처럼 인격체로 존중하라   192

03 부모가 아이의 불평을 들어만 주어도 효과가 있다   199

04 부모의 침묵이 때로는 아이에게 특효약이 된다   206

05 독이 되는 칭찬과 약이 되는 칭찬을 구분해서 사용하라   214

06 노력한 대가에 대해 구체적으로 칭찬하라   221

07 아이의 감정을 있는 그대로 받아주고 느끼도록 하라   228

08 두 아이를 편애하지 않고 공평하게 대하라   235

5장 부모의 말습관이 행복한 아이를 만든다

01 부모의 변화된 말습관이 아이의 미래를 바꾼다   245

02 현명한 부모는 아이의 미래를 함께 꿈꾼다   252

03 자녀양육은 힘든 일이 아니라 보람되고 즐거운 일이다   259

04 아이와 의미 있는 대화를 나눌 때 부모와 아이 모두 행복하다   267

05 긍정적인 소통은 아이의 인생을 더욱 풍요롭게 한다   275

06 어릴 때 좋은 기억은 평생을 살아갈 힘이 된다   282

07 좋은 거울을 보면서 자란 아이가 마음이 강한 아이로 자란다   289

1 장

나는

아이를

잘 키우는

부모가

되고 싶었다

01
—

아이와 어떤 대화를 하느냐가
아이의 자존감을 결정한다

부모와의 대화가 아이의 자존감을 결정한다고 하는데, 부모는 아이와 어떤 대화를 하고 있을까? 대부분의 부모들은 아이와 대화를 잘하고 있다고 생각한다. 어린이집에 근무하다 보면 부모님들을 만날 기회가 많다. 엄마들과의 상담에서 어떤 부분이 힘드시냐고 질문하곤 한다. 그럴 때면 엄마들은 아이가 일찍 일어나지 않거나, 옷 투정을 하거나 밥을 빨리 먹지 않아서 힘들다고 하신다. 그럴 때마다 부모는 아이에게 "일어나.", "옷 입어.", "밥 먹자.", "흘리고 먹으면 엄마 화 낸다.", "빨리 먹어야 착한 아이지." 등의 말을 일상적으로 한다.

왜 그런 말을 하게 되는 걸까? 그건 바로 아이가 달라지기를 바라는 마음에서다. 하지만 끊임없는 부모의 말에도 아이는 크게 달라지지 않는다. 그렇게 부모는 일방적인 말을 날마다 반복하면서 지치고 힘들게 되는 것이다.

딸이 중학교 1학년 때의 일이다. 딸의 담임선생님으로부터 전화가 왔다. 학생들 가방 검사를 했는데 딸이 화장품 파우치를 소지하고 있다고 했다. 화장품 가방을 담임선생님이 보관하고 있으니 가정에서도 아이에게 관심을 가져달라는 내용이었다. 당시 중학교 학생에게는 화장이 허용되지 않았다. 화장하고 다니면 문제아로 취급받던 때였다. 그래서 불시 검사를 했는데 딸아이가 단속에 걸린 것이다. 담임선생님의 전화를 받은 나는 당황했고 어쩔 줄을 몰랐다. "죄송합니다. 제가 잘 가르치겠습니다."라고 답하면서 전화를 끊을 수밖에 없었다.

당장 딸에게 물어보고 싶은 마음이 목까지 차올랐지만 저녁 때 학원이 끝나기를 기다렸다. 딸을 차에 태우고 오면서 "선생님이 전화하셨어. 혹시 오늘 일에 대해서 해줄 말 있니?"라고 물었다. 딸의 설명에 따르면 화장품 가방은 본인의 것이 아니라고 했다. 친구 건데 맡아 주다 집에 놔둔다는 걸 깜빡했다는 것이었다. 그러다 선생님께 빼앗겼다는 것이었다. "그런 일이 있었구나."라고 이해하는 모양새를 취하자 딸아이는 더 자세히 상황을 이야기하기 시작했다.

화장품 파우치를 맡긴 친구는 같은 반에서 1, 2등을 하는 친구라고 했다. 외동으로 자라다 보니 친구는 일거수 일투족을 친구엄마가 신경을 쓰는 편이라고 했다. 또한, 중학생이 화장하는 것을 절대 용납하지 않는 다고 했다. 그래서 딸아이가 맡아주게 된 것이라고 했다. 그 집은 수학문 제 하나 틀린 거 가지고도 난리가 나는 집이라고 말했다.

사춘기는 미모에 대한 관심이 많은 때다. 그러다 보니 화장품에 관심 이 가는 것은 자연스러운 일이다. 딸아이는 그런 자신의 욕구를 부모에 게 당당하게 표현하지 못하는 친구를 도와주고 싶었던 것이다. 나는 "선 생님께 솔직하게 친구 거라고 말하지?"라고 해보았다. 하지만 평소 거짓 말을 하지 못하는 딸아이는 그것이 친구를 지켜주는 거라고 생각했다고 한다. 친구 거라고 말하면 선생님은 친구 엄마에게 전화할 것이었다. 그 러면 그 친구는 집에 안 들어갈지도 모른다는 것이었다. 그 친구를 지켜 주기 위해서 딸아이는 자신이 감당하기로 그 순간 결정했다는 것이었다. 나는 "친구를 돕는다고 한 일이니 알았다."라고 말했다. 사춘기 시기의 아이들은 충분히 그럴 수 있다고 생각했기 때문에 더 이상 그 일에 대해 거론하지 않았다.

나는 선생님으로부터 전화를 받자마자 화가 나서 바로 딸에게 전화해 말하고 싶었다. "당장 집에 들어와.", "학생이 무슨 화장이냐?", "도대체 무슨 생각을 하며 학교를 다니냐?", "아빠한테 다 말한다." 등의 말을 했 을 것이다. 그러나 유아교육을 공부한 만큼 나는 우선 기다리고 딸의 입장을 들어주기로 했다. 만약에 전화를 먼저 하는 엄마였다면 딸은 나한 테 어찌 된 사실인지 말하지 않았을 것이다. 딸과 말을 주고받는 관계가 아니었더라면 딸이 친구를 도우려 한 기특한 생각을 몰랐을 것이다. 평 소 서로 소통하는 대화 습관이 있었기 때문에 가능한 일이었다.

딸과 그런 일이 있고 나서 한 달쯤 지나서였다. 모르는 번호로 전화가 왔다. 전화를 받아 보니 화장품 파우치 사건의 딸아이 친구 엄마였다. 그 분은 본인이 누구 엄마인지를 밝히고 말을 이어갔다.

가끔 딸의 가방을 몰래 뒤져보는데 이번에 가방 속에서 틴트가 여러 개 나와 깜짝 놀랐다고 했다. 자기 딸은 화장품에 관심도 없고 화장도 할 줄 모른다고 하면서. 딸이 친구 걸 잠깐 맡아준 거라고 했다는 것이다. 그리고 그 친구가 우리 딸이라고 했다. 같이 딸을 키우는 입장에서 걱정 되어 전화했다고 했다. 많이 바쁘시겠지만 아이가 요즘 뭘 하고 다니는 지 신경을 쓰셔야 될 것 같다고 말했다. 당신이 전화했다는 것을 우리 딸 에게는 말하지 않았으면 좋겠다면서.

순간 나는 속으로 '이건 뭐지?' 하며 전에 학교에서 있었던 일을 말하고 싶었다. 그러나 이 일에 대해서는 더 이상 말을 안 하기로 딸과 한 약속 도 있고, 그 친구가 얼마나 급했으면 내 딸아이에게 둘러대기를 했을까 하는 생각도 들어서 알았다고 하며 전화를 끊었다.

사춘기가 되면서 얼굴에 관심이 많아진 딸에게 나는 틴트를 허용해주고 선물도 했다. 대신 집에서 바르거나 쉬는 날에 사용하는 것으로 약속했다. 그래서 딸은 나에게 숨길 필요도 없고 딸의 책상 위에는 틴트뿐만 아니라 파우더도 있다. 딸의 상황과 입장을 이해하는 만큼 아직 우리는 서로 말을 주고받는 관계다. 그런데 딸의 친구 엄마가 우리 딸을 문제아처럼 보고, 부모가 신경 안 쓰는 집이라고 생각하는 거 같아 화도 나고 속상했다. 그리고 그런 부모 밑에서 크고 있는 딸의 친구에 대해 안타까움을 느꼈다. 나는 이 일을 딸에게 문제 삼지 않았다. 그래도 유아교육을 공부한 내가 친구를 돕고 싶은 딸의 마음을 믿고 기다리기로 했기 때문이다.

평소 부모들은 아이들에게 "일찍 일어나야지.", "빨리 밥 먹어.", "청소해라, 돼지우리도 아니고.", "언제면 숙제 다 할 거니?", "게임이 밥 먹여주냐." 이런 말들을 자주 한다. 분석해보면 명령, 지시, 위협, 도덕적 행동을 요구하는 말들이 대부분이다.

이런 일방적인 말을 듣고 자란 아이는 '나 지금 지치고 힘든데.', '더 자고 싶은데.', '엄마는 자기 하고 싶은 대로만 해.', '나는 쓸모없는 아이구나.'라는 생각이 든다. 아이는 자신의 생각이나 느낌을 존중받지 못한다는 생각에 위축되고 화가 난다. 또한, 일방적으로 지시하는 말을 듣고 자란 아이는 혼자서는 어떤 일도 할 수 없게 된다. 그리고 자신의 마음을 몰라주는 부모에게 마음의 문을 닫게 된다. 아이는 점점 더 자신감이 없어지다 자신의 존재 가치를 잃어버리게 된다.

아이가 자신의 존재를 크게 느끼는 때는 부모의 사랑을 받을 때다. 부모의 사랑을 매일같이 아이에게 줄 수 있는 방법은 부모의 평소 말습관에 달려 있다. "사랑해.", "잘한다.", "믿는다." 등의 칭찬의 말을 들을 때다. 또한 "언제쯤 옷을 입을 거니?", "어떤 옷을 입고 싶니?", "밥을 안 먹는 무슨 이유가 있니?" 등의 인정의 말을 들을 때이다. 그리고 "숟가락을 잡고 먹어보자.", "유치원 차를 놓칠까 봐 걱정되네."와 같은 긍정의 말을 들을 때 아이는 자신이 사랑받고 있다고 느낀다.

부모가 아이를 칭찬하거나 존재 자체를 인정하고 아이의 입장을 물어 봐주는 것만으로도 아이는 자신의 존재 가치를 높게 평가하게 된다. 그리고 부모로부터 긍정적인 말을 들을 때 기분이 좋아져 어떤 일이든 해내고 싶은 마음이 든다. 유치원 차를 놓칠까 봐 함께 걱정해주는 부모의 마음을 알고 어떤 일이든 노력하게 된다.

딸이 중학교 1학년을 마칠 때쯤이다. 차를 타고 가고 있었는데 딸이 오늘 조회 시간에 아직도 엄마랑 대화가 된다고 생각하는 사람은 손을 들어보라고 해서 손을 들었다고 했다. 자기 반에서 딱 두 명만 손을 들었는데 그중의 한 명이 자신이었다는 사실을 말하며 꽤나 자랑스러워했다. 엄마가 자신의 롤 모델이라는 말도 덧붙여서 해주었다.

나는 정말 기분이 좋았다. '이런 게 자식을 키우는 보람이구나.'라는 생각이 들었다. 화장품 사건의 친구와 1년 동안 이런저런 일들이 있었지만 딸과 소통하며 그 일들을 잘 넘겼다. 딸 친구 엄마와 통화하며 많이 속상하기도 했지만, 딸을 믿고 기다려주었더니 이렇게 기분 좋아지는 말도 듣게 되었다. 커다란 보람을 느낀 순간이었다.

대화란 서로의 생각과 느낌을 주고받는 쌍방향 커뮤니케이션이다. 말을 주고 받다보면 말문이 막히게 하거나 더이상 말을 하고 싶지 않은 사람이 있다. 부모와 아이 간에도 대화할 때는 말문이 막히지 않도록 명령, 지시, 위협 등의 말은 피해야 한다. 아이와 대화 할때도 서로의 생각과 느낌을 주고받을 수 있도록 질 높은 대화를 해야 한다.

그럴려면 아이가 부모에게 사랑받고 칭찬받고 인정받고 있다는 것을 느끼게 하는 말을 해야 한다. 그러면 어떤 이득이 있을까. 아이는 스스로의 존재 가치를 높게 평가하게 되고 긍정적인 자아상이 만들어지게 된다. 아이의 자존감이 높으면 아이는 긍정적인 사람으로 성장할 것이다. 긍정적인 자아상은 목표를 향해 달려갈 때 즐겁게 도전하도록 해준다.

아이를 부모와 같은 인격체로
존중해주면서 대화한다

'아이는 부모의 소유물이 아니다.'

길어지는 코로나 사태로 인해 아동학대 발생률은 더 높아지고 있다. 아동학대 중 80% 이상이 가정에서 발생하고 있다. 코로나로 인해 가정에서 머무는 시간이 많아진 탓에 손길이 필요한 아이들이 주변에 있을 것이다. 두 자녀를 둔 엄마로서 아동학대 관련 뉴스가 나올 때마다 마음이 무겁고 아프다.

전 국민의 마음에 죄책감이 들도록 만든 '정인이 사건'도 어른들이 지켜주지 못했다는 미안함에 가슴이 아프다. 16개월 된 정인이는 외력에 의한 복부 손상이란 엄청난 고통 속에서 도움을 받지 못한 채 결국 사망했다. 의사의 아동학대 의심 신고로 부모가 구속되면서 이 일이 세상에 알려지게 되었다. 몸에 새겨져 있는 오래된 멍 자국, 골절 자국들은 부모가 상습적으로 학대했다는 증거가 되었다. 그리고 여러 학대 정황들이 속속 드러나 정인이를 입양한 양부모는 구속되었고 지금 재판 중이다.

시사 다큐멘터리를 통해 본 입양 전 사진 속의 정인이는 예쁘고 사랑스러운 천사의 모습이었다. 하지만 입양 후의 사진 속에서는 웃음을 잃은 채 어두운 낯빛과 초점을 잃은 눈, 비쩍 마른 모습이었다. 그것을 보며 나는 너무 가슴이 아팠다. 정인이를 지켜주지 못했다는 마음에 참 부끄러웠다. 아무 저항도 하지 못하고 당할 수밖에 없었던 아이를 생각하니 양부모에 대한 분노가 끓어올랐다.

분노를 치밀게 하는 다른 아동학대 사건들도 한둘이 아니다. 아이 목을 줄로 묶어 가두고, 며칠째 굶기고, 말을 안 듣는다며 옷을 벗기고 때렸다. 뿐만 아니라 아이 몸에 락스를 뿌리곤 차가운 욕실 바닥에 그대로 방치해 아이를 죽음에까지 이르게 하기도 했다. 친부모에 의한아동학대 사례가 차지하는 비중이 아주 높다는 사실은 무서운 일이다.

자기 아이는 자신들이 잘 가르치겠다는 생각으로 잘못된 훈육이 체벌로 이어지기도 한다. 이런 뒤틀린 훈육이 신체 학대뿐만 아니라 정서 학대, 방임, 성 학대로 이어지고 있다. 사회적으로는 번듯한 부모들이 부모의식 부족과 올바른 양육에 대한 지식 부족으로 이와 같은 결과들을 만들어내고 있다. 안타까움을 금치 못할 일이다.

부모는 아이를 한 독립적인 인격체로 바라봐야 한다. 부모는 아이를 독립적이고 자율성, 책임감 및 자제력이 있는 성인으로 성장하도록 안내하는 역할을 맡은 사람들이다. 아이를 양육하는 데는 어려움이 많다는 것을 당연한 문제로 받아들여야 한다. 이런 문제에 대한 해답을 찾기 위해 노력하고 주변의 도움을 받으면서 자신들의 행동을 변화시켜나가야 한다.

그러나 최근 우리 사회는 정보화 시대가 되면서 모든 분야가 급격하게 변하고 있다. 이런 사회적인 변화는 가족 간에도 많은 영향을 미친다. 특히 컴퓨터, 인터넷, 스마트폰의 발달로 전통적인 인간관계가 파괴되고 있다. 사람과 사람 사이가 차츰 소원해지면서 가족 간의 관계도 개인주의, 이기주의로 치닫고 있다. 그러면서 부모와 아이 간에도 대화가 단절되는 일이 빈번해지고 있어 주변의 도움을 받으며 양육 하기가 어려운 현실이기는 하다.

일곱 살 준희 엄마가 급히 준희를 어린이집에 데려다주면서 나에게 하소연하셨다. 엄마는 직장을 다니기 때문에 늘 바쁜 모습으로 아이를 맡기시고는 급히 뛰어나가시는 편이다. 그러던 준희 엄마가 오늘 아침에는 너무 힘들다고 하소연하신 것이다. 아이를 어린이집 현관에 내려놓기가 무섭게 한숨을 쉬기 시작하셨다. 그러곤 무엇인가를 얘기하려고 하셨다.

나는 준희 엄마의 이야기를 들어주면서 "어머니 힘드셨겠어요.", "잠시만요, 준희를 데려다주고 올게요."라고 말했다. 준희를 교실에 얼른 데려다주고 와서 나는 준희 엄마가 하는 얘기를 들었다.

오늘 아이가 식탁에 앉아 음식을 한참 바라보기만 했다고 한다. 편식하는 편이라서 엄마는 오늘도 불안했다. 준희 엄마는 아이를 식탁에 앉혀놓고 출근 준비를 하신다고 한다. 오늘도 준희 앞을 지나가면서 "얼른 먹어."라고 말했다고 한다. 출근 준비로 계속 이리저리 바쁘니까. 엄마 말에도 준희는 가만히 앉아 있었다.

어느 정도 출근 준비가 끝나자, 엄마는 아이 앞에 앉았다. 그러곤 "너 또 안 먹지?", "엄마 바빠. 얼른 먹자.", "숟가락 들어?"라고 말했다. 아이는 한참을 더 그러고 있더니 "맛없어."라며 짜증을 부렸다. 엄마는 "뭐가 맛없다는 거니.", "엄마 바쁜 거 안 보여?"라며 준희와 실랑이를 했다. 결국 엄마는 "먹지 마~"라고 말하며 식탁을 정리해버린 후 어린이집으로 왔다는 것이었다.

나는 준희 엄마의 이야기를 들으면서 중간 중간에 "그러셨구나~", "아이고 저런~ 많이 화나셨겠어요."라고 맞장구쳐주었다. 준희 엄마는 조금 진정되었는지 "원장님 죄송해요. 출근 시간이 바빠서요. 우리 준희 이따 간식 조금 더 챙겨주세요."라고 말하면 급히 현관문을 나섰다.

보육시간 중 실외놀이터로 나온 준희를 가만히 살펴보았다. 시소에 시무룩하게 앉아 있었다. 나는 놀이터로 나가 준희에게 "준희야, 오늘 기운이 없어 보이네~" 그러자 준희가 나를 쳐다봤다. "왜 기운이 없을까? 뭐 속상한 일이 있니?"라고 물어보자 준희는 고개를 끄덕였다. 그러곤 나를 또 쳐다봤다. "하고 싶은 말이 있니?"라고 내가 묻자 준희는 고개를 끄덕였다. "엄마가 달걀 속에 버섯을 넣었어요."라고 말했다. 나는 "그랬구나, 엄마가 버섯을 넣었구나."라고 말하자 준희는 "나는 버섯이 싫어요."라고 말했다. 내가 "준희는 버섯을 싫어하는구나."라고 말하자 준희는 "네, 물컹거리고 목에 걸려요."라고 대답하는 것이었다. 나는 "그래서 버섯을 싫어하는구나."라고 맞장구쳐주었다. 준희는 그렇게 버섯이 싫은 이유까지 설명해주었다.

나는 "그러면 준희가 좋아하는 음식은 뭐야?"라고 질문했다. 준희는 "양배추요. 양배추는 먹을 수 있어요."라고 대답해왔다. "그래, 준희는 양배추 대장이네~"라고 말하며 "준희야, 엄마한테도 얘기해볼까?"라고 했다. 그랬더니 준희는 "싫어요." 퉁명스럽게 대답했다. "그러면 원장님이 엄마한테 대신 말해줄까? 준희는 버섯이 목에 걸려서 힘들대요. 그런데 양배추는 잘 먹는 대장이래요. 이렇게 엄마한테 말해줄까?"라고 말해보았다. 그랬더니 준희는 "네."라고 대답하면서 친구들에게로 뛰어갔다.

말습관을 바꾸니 아이가 달라졌어요

그날 오후 늦게 준희를 데리러 엄마가 오셨다. 잠깐 시간이 있는지 물어보고 준희 엄마와 현관에서 얘기를 나누었다. 준희가 버섯을 싫어한다는 것, 대신 양배추를 잘 먹는다는 것을 이야기해주었다. 준희 엄마도 준희가 버섯을 먹기 싫어하는 것을 알고 있었다. 내년에 학교도 가야 하니 편식하는 식습관을 바꿔보려고 노력하는 중이라고 했다.

부모는 아이를 자신과 똑같은 인격체로 바라봐야 한다. 만약에 엄마가 순대, 막창 등 내장 종류의 음식을 싫어한다고 해보자. 저녁 모임이 있어 시댁에 갔는데 시어머니께서 남편이 좋아한다며 막창구이 음식만 잔뜩 준비했다면 엄마는 어떤 생각이 들까? 어떤 느낌이 들까?

아마도 '먹기 싫다.', '나를 싫어하시나?', '너무하신 거 아냐?', '도대체 나를 사람으로는 보시는 건가?', '내가 왜 여기 있지?' 등의 생각과 느낌이 올라올 것이다. 아마도 오늘 준희도 이런 느낌이었을 것이다. 아이는 엄마로부터 인정받지 못하고 있다고 생각하면 말문을 닫아버린다. 그러면 부모는 더 이상 아이의 생각이나 느낌을 알 수 없다. 또한, 부모의 바람처럼 음식을 골고루 먹게 되는 것도 아니다.

이 시기의 아이는 느리고 말을 잘할 수도 없고 부모의 말을 잘 이해하기도 어렵다. 부모는 아이의 이런 발달 단계가 자연스러운 것임을 이해해야 한다. 육아의 어려움을 긍정의 훈육으로 이겨내야 한다. 부모도 아이였을 때가 있었으며 자신의 부모의 양육과 가르침을 통해 성장해왔다. 영·유아기 아이를 둔 부모들 대부분은 준희 엄마처럼 말하게 된다. 아이의 인격은 인정하지 않고 무시, 비난, 간섭, 억압의 말을 자주 하게 된다면 아이는 존중받지 못한다고 느끼며 말문을 닫게 된다. 부모는 아이가 스스로 골고루 먹기를 바란다면 그렇게 행동할 수 있도록 말해야 한다. 예를들면 "버섯 싫어하는데 엄마가 버섯을 넣었어. 준희가 버섯을 넣은 계란을 먹고 튼튼해졌으면 좋겠어", "튼튼해지기 위해서 어떻게 하면 좋을까?" 라고 말해야 한다. 아이 스스로 선택하고 결정하는 경험을 가질 수 있도록 해야 한다. 그러기 위해서는 부모는 아이를 똑같은 인격체로 바라보아야 한다.

그렇게 아이를 독립적인 인격체로 인정하고 아이에게 스스로 선택하고 결정할 수 있는 기회를 주어야 한다. 다양한 경험을 쌓을 수 있게 말이다. 그리고 그럼으로써 자율성을 가지고 주도적인 아이로 성장해나갈 수 있도록 도와야 한다.

공감 잘하는 부모가
공감 잘하는 아이를 만든다

공감이란 감정이입이라고도 한다. 상대방의 입장에서 경험하고 이해하고 느끼는 것이다. 그리고 그 사람의 입장에서 생각해보는 것이다. 부모가 아이를 공감하기 위해서는 민감하게 아이의 감정을 알아차리는 것이 중요하다. 아이의 감정을 알아차리는 것은 행복한 부모자녀 관계를 만들어가는 데 아주 중요하다.

대부분의 부모들은 그들의 부모로부터 공감 받지 못하면서 자랐다. 바쁘게 일하는 부모들은 아이의 입장을 이해하고 공감할 여유조차 없이 살았기 때문이다. 또한 아이가 부모에게 감정 표현을 하면 버릇없는 아이,

예의 없는 아이로 취급하는 사회 분위기 속에서 자랐다. 그러다 보니 자신의 아이에게도 어떻게 공감해줘야 하는지 잘 모른다.

초등학교 1학년인 딸이 집에 오자마자 가방을 마루에 확 내려놓더니 나를 찾는다. "엄마, 선생님은 너무해."라고 말했다. 나는 "무슨 일이니?"라고 물었다. 딸은 "오늘 수업 시간에 발표를 두 번밖에 못 했어."라고 말했다. 담임선생님은 반 아이들에게 발표하는 습관을 키워주기 위해 발표를 하게 했다. 발표한 아이들에게는 칭찬 스티커를 한 장씩 주셨다. 그 칭찬스티커를 10장을 모으면 선생님은 상품으로 간식을 또 하나씩 주시는 방법을 쓰셨다.

딸아이는 발표하는 것을 좋아한다. 거기다가 적극적인 편이라서 칭찬 상품을 받으려는 욕심도 있었다. 그래서 선생님이 "발표 할 사람?" 하고 물으면 매번 손을 들었다. 나는 딸아이의 이런 성격을 잘 알고 있다. 딸은 적극적이고 거침이 없는 성격이다. 그리고 무슨 일이든 하나에 꽂히면 끈질기게 매달리는 성격이었다.

나는 딸에게 "네가 너무 손을 여러 번 든 것 아니니?"라고 말했다. 딸은 "선생님이 발표하라고 했어요."라고 대답했다. 나는 "너만 계속 시켜줄 수는 없을 거야."라고 말했다. 딸은 "선생님이 하루에 두 번 이상은 안 된다고 말 안 했어."라고 대답했다. 나는 "너, 선생님한테도 자꾸 그렇게 따지듯 말하면 선생님도 화난다. 선생님한테 말할 때는 공손하게 말해야지.", "선생님도 반 친구들을 전부 골고루 발표 시켜줘야지."라고 말했다. 딸아이는 "엄마 하고 말하기 싫어."라고 말하더니 갑자기 엉엉 울음을 터뜨렸다.

나는 딸아이의 감정을 민감하게 알아차리지 못했다. 딸은 '엄마한테 말해봐야 위로가 안 된다.', '엄마는 내 편이 아니고 선생님 편이다.', '발표를 많이 못 해서 속상해.', '칭찬 스티커도 2개밖에 못 받았다.', '왜 이렇게 불공평한 거지?' 등의 속상하고 억울하고 외로운 느낌이 들었을 것이다.

그런 아이의 감정을 알아차리지 못하고 아이의 잘못만 지적하고 훈계하는 말만 했다. 그러는 동안 아이의 감정의 점점 더 올라가게 되고 결국 감정의 홍수 상태가 되어 엉엉 울었다. 아이는 감정 패닉 상태에 빠지는 꼴이 되어버렸다. 그때 나는 부모로서 아이를 공감하기보다는 선생님께 예의 바르고 말 잘 듣는 아이가 되어야 한다는 말만 했다. 참 공감이 부족했던 엄마였다.

어린이집으로 승민이 엄마가 상담하러 오셨다. 승민이는 네 살 반에 다니고 있었다. 승민이 엄마는 형의 입학을 문의하셨다. 지금 다니는 어린이집을 옮기고 싶다는 것이다. 나는 그럴 만한 이유가 있는지 물었다. 승민이 형은 다니던 어린이집을 1년만 더 다니고 일곱 살에 유치원으로 가려고 했다.

그런데 형이 다니던 어린이집 차를 타기 위해 기다리다가 차가 완전히 멈추기 전에 달려가는 바람에 차에 발등을 다치는 사고를 당했다. 발 뼈가 심하게 으스러졌고 복잡한 수술을 여러 번 받았다. 몇 달간 병원 생활을 했고 현재는 집에서 재활 요양 중이라고 했다. 몇 달간 일을 못 가시다가 엄마는 일을 구해서 출근하셔야 했다. 형도 어린이집을 가야 하는데 다니던 어린이집을 가지 않겠다며 매일 운다는 것이다.

나는 형의 마음을 이해했다. 그리고 아이를 다치게 한 어린이집에 안 보내고 싶은 엄마의 마음도 이해가 됐다. 승민이 엄마는 형을 데리고 우리 어린이집을 방문하였다. 그러나 형은 들어오지 않으려고 했다. 나는 놀이터를 먼저 둘러볼 수 있도록 했다. 그리고 동생 승민이 반에도 가보자고 했다.

안심이 되는지 어린이집 안으로 들어왔다. 여섯 살 반 또래 친구들이 있는 교실에도 들어가서 잠깐 놀이를 할 수 있도록 배려했다. 나는 아이에게 "친구들이 마음에 드니?"라고 물었다. 아이는 빙그레 웃으며 고개를 끄덕였다. 나는 "내일부터 동생 승민이랑 여기 와서 친구들이랑 놀다 갈까?"라고 물었다. 아이는 다시 고개를 끄덕였다. 형은 다음날부터 우리 어린이집에 다니기로 했다.

다음날 승민이 형제를 태우러 어린이집 차가 집으로 갔다. 차가 도착

할 때쯤 잘 기다리고 있는 형이 갑자기 집으로 뛰어들어갔다. 안 가겠다며 울더니 결국은 발을 구르고 소리를 지르고 난리였다. 승민이는 조금 놀란 듯하더니 선생님과 함께 어린이집 차에 올랐다. 엄마는 출근해야 해서 발버둥치는 형을 억지로 안아서 차에 태웠다. 이런 날이 며칠 동안 이어졌다. 엄마와 교사들은 아이를 억지로 태우느라 진이 다 빠졌다.

나는 엄마와 통화를 했다. "전에 차량에 다친 적이 있어서 아이가 차가 오면 무섭고 두려운 거 같아요. 아이는 자신감을 가지고 기다렸지만 막상 어린이집 차가 오면 무서운 기억이 떠오를 수도 있어요. 부모님께 제대로 표현할 수도 없고 또한 아이의 마음도 몰라주니 아이는 더욱 속상하고 어쩔 줄을 몰라요. 결국 스스로를 제어할 수 없을 정도로 감정의 홍수에 빠져 더욱 격하게 소리치고 발을 구르는 거 같아요."라고 말했다.

나는 "하지만 어린이집에서 하원할 때는 친구들과 차를 잘 타요.", "어린이집에서 지내는 동안 안전함을 느끼는 거 같아요."라고 말했다. 엄마도 형에게 어린이집 생활을 물어보면 친구들이랑 노는 것이 재미있고 즐겁다고 했다는 것이다. 나는 엄마에게 "엄마가 한동안 힘들겠지만 아침 등원을 직접 데리고 오는 건 어떨까요?"라고 제안했다. 승민이 엄마는 "아이를 위해 그럴게요."라고 하셨다. 엄마는 아이의 마음을 잘 이해해주는 편이다.

다음날부터 형제는 엄마 차를 타고 등원했다. 하원할 때는 어린이집 차량을 잘 타고 갔다. 한 달 정도 지났을 쯤, 형이 엄마에게 "엄마, 나 내일부터는 노란 차 타고 갈래요. 승민이랑 같이 타고 갈게요. 내가 승민이 돌봐줄게요."라고 말했다. 승민이 엄마는 아이에게 "네가 차를 탄다고 하고, 동생도 돌봐준다고 하니 엄마 힘든 걸 알아주는 것 같아 기분 좋은데! 고마워."라고 말했다. 그리고 아이가 스스로 두려움을 극복했다는 생각에 자랑스러웠다고 하며 어린이집으로 전화가 왔다.

승민이 형은 부모와 교사가 아이의 입장에서 공감해줌으로써 무섭고 두려웠던 부정적인 감정들이 사라지게 됐다. 공감해주지 않았더라면 아이는 상황을 회피하고 도망가려고만 했을 것이다. 형은 걱정되고 무섭고 두려웠던 마음이 차츰 없어지면서 용기가 생겼다. 엄마는 형의 행동이 엄마를 공감해주는 일임을 알려주었고 칭찬했다. 공감 받은 아이는 용기도 생기고 다른 사람을 공감하는 능력도 생기게 된다.

이처럼 아이가 화가 나거나 두렵고 걱정이 많을 때 부모는 아이의 감정을 얼른 알아차리고 잘 공감해주어야 한다. 그러지 않고 부모의 생각이나 느낌만을 말하고 가르치려고 하는 말만 계속하는 경우가 있다. 그럴 때 아이는 이해 받지 못한다는 생각에 더욱 부정적인 감정이 커지게 된다. 마침내 아이는 감정의 홍수에 빠지게 된다. 그러면 격하게 흥분하거나 그 상황을 피하고 숨게 되는 행동들이 생기게 된다. 아이에게 이런 습관이 자주 생긴다면 부모가 아이를 잘 키우고자 했던 열망을 실현할 수 없게 된다.

반대로 부모가 아이를 잘 공감해준다면 아이가 화가 나서 집에 와서 엄마에게 말했을 때, "저런 화나는 일이 있었구나.", "억울하겠구나~", "발표를 많이 못 해서 속상하구나.", "선생님이 제대로 말해주지 않아서 공평하지 않다고 생각하는구나." 등의 말로 공감을 해주어야 한다. 아이는 엄마가 감정을 읽어주는 말을 듣고서 '아, 내가 화가 났구나.', '나는 속상했구나.', '손 들었는데 발표하지 못해서 억울하구나.'라고 생각하게 된다. 그러면서 자신의 감정 상태를 알아차리게 된다. 그때 부모로부터 "엄마가 어떻게 도와줄까?"라는 말을 듣는다면 아이는 이성적인 생각을 할 수 있게 된다. 그리고 스스로 화를 가라앉힐 수 있다. 이후 아이는 "엄마, 나 이제 괜찮아졌어요. 숙제하러 갈게요.", "엄마한테 말하고 나니 속이 시원해요."라고 말할 수 있게 되는 것이다.

평소 아이가 화를 낼 때 예의 없고 형편없는 아이로 평가하고 비난하는 말을 해서는 안 된다. 아이가 화를 내는 것을 표현하지 못하도록 가르쳐서도 안 된다. 아이도 화를 낼 수 있는 존재로 바라봐야 한다. 대신 자신의 감정을 올바르게 표현하는 방법을 일상에서 모델링을 통해 알려주어야 한다.

일상에서 부모는 아이가 왜 화가 났는지 아이의 입장을 이해하고 감정을 받아주는 말을 하면 된다면 부모의 말을 들은 아이는 스스로가 부정적인 감정을 내리고 극복할 수 있게 된다. 때로는 부정적인 감정이 긍정의 감정으로 전환되기도 한다. 아이가 긍정적인 마음으로 전화되었다면 아이는 부모의 어려움을 공감할 수 있게 된다. 그리고 부모의 말을 쉽게 이해하고 받아들이게 되는 것이다. 결국 부모와 아이가 서로 공감이 되면서 바람직한 부모 자녀 관계가 만들어지게 되고, 행복한 가족으로 성장하는 데 밑거름이 된다.

아이에게 변화를 원한다면 아이를 보는 부모의 시각이 달라져야 한다

나는 평소 육아 방송 프로그램을 자주 본다. 육아 프로그램들은 부모들의 육아 참여, 놀이, 요즘 아이들의 생각, 말, 행동 등을 관찰하고 배울 수 있다. 최근에는 〈금쪽같은 내 새끼〉라는 TV프로그램을 자주 본다. 부모로서, 교사로서, 어린이집 원장으로서 오은영 박사의 육아 솔루션을 보면서 배울 점이 많은 프로그램이라 생각하고 있다.

"나는 오늘도 아이를 혼냈다."
대한민국 부모들의 영원한 숙제, 육아!
내 아이지만 나도 잘 모르겠는 내 아이의 마음

육아가 어려운 부모를 도와주러 솔루션 마스터즈가 뭉쳤다!

각종 육아 서적과 관련 커뮤니티로 정보는 많지만,

정작 내 아이는 어떻게 해야 할지 모르는 부모를 위해

베테랑 육아 전문가가 '맞춤형 솔루션 및 육아 코칭'을 제공한다.

금쪽같은 내 새끼를 위해 가족이 변하는 리어 메이크오버쇼!

당신의 자녀를 위한 맞춤형 육아 솔루션!

방송 홈페이지에 들어가 보니 〈금쪽같은 내 새끼〉 프로그램 소개란에
쓰인 내용이다. 프로그램 소개란 내용만 보더라도 아이를 잘 몰라 육아
가 어려운 부모가 참 많고 대한민국 부모 모두, 어쩌면 전 세계의 모든
부모들은 육아를 어려워하고 있다는 생각이 든다. 그러면서 나만의 문제
는 아니구나 라는 생각을 했다. 그리고 육아를 어렵게만 생각하고 있는
부모들도 조금은 마음을 편히 가질 것이다.

프로그램에 등장하는 많은 금쪽이를 보다 보면 아이들은 각각 다 다르
다. 아이들마다 타고난 기질, 가지고 있는 능력, 그리고 아이에게 주어진
환경이 다 다르다. 그래서 아이들에게 나타나는 문제점도 다 다르다는
것을 알 수 있다. 오은영 박사님은 아이들을 한 명씩 면밀하게 관찰한 후
아이별로 처방해주는 솔루션을 자세히 봤다. 각자 다르게 아이별로 맞춤
형 처방전을 준다.

그런데 처방전을 살펴보면 부모가 바뀌어야 아이도 바뀐다는 것을 전제로 하고 있다는 것을 알 수 있다. 아이를 둘러싼 부모환경은 매우 중요하다. 부모의 생각, 행동, 가치관 등은 아이가 자라는 데 영향이 크기 때문이다. 그래서 모든 솔루션 처방은 아이를 바라보는 부모의 시각부터 바꿔야 함을 중요시하고, 부모의 변화를 시작으로 아이의 변화를 이끌어내고 있다.

〈금쪽같은 내 새끼〉 방송 중 기억이 나는 장면이 있다. 엄마와 형에게 거친 욕을 내뱉는 9세 남자 아이에 대한 이야기다. 9세 아들의 입에서 나오는 욕이 일상이라서 방송을 보는 동안 놀랐고 충격이었다. 나는 어린이집에서 영유아기 아이들을 많이 만났다. 이 시기에 아이들이 욕하는 것을 거의 못 들어봤다. 어린이집 일곱살반 아이들과는 불과 두살 더 많은 정도인데 심한 욕을 일상에서 하는 장면은 충격이었다.

욕은 중·고등학생 정도가 되어야 쓰는 것이라 생각하고 있었다. 거기다가 방송에서는 자신을 키워주는 할머니에게까지 욕을 쓰는 모습은 걱정스럽고 충격적이었다. 아이가 가정을 넘어 학교, 학원에서까지 욕을 하자 엄마는 아들을 더 이상 제어할 수가 없게 되었고, 가족 모두가 너무 힘들어했다.

여기서도 부모의 변화가 먼저였다. 부모의 훈육방법의 변화와 통제하는 방법의 변화를 우선적으로 실천하는 처방을 내려주었다. 아이에게 모든 것을 다 해주시는 할머니에게는 아이들이 자립할 수 있도록 변화하는 육아법을 공부하도록 하셨다. 가족들에게는 감정 상태를 알 수 있는 감정카드 놀이 등을 통한 처방으로 감정 조절 변화가 있었다. 부모의 훈육과 감정을 통제하는 방법의 변화에 따라 아이가 훨씬 나아지는 모습들의 영상이 나왔다.

아들이 초등학교 1학년 때 부모 참관 수업을 갔다. 국어 수업 시간이었다. 마음에 드는 장면을 발표하느라 반 친구들은 손을 드는데 우리 아들은 한 번도 들지 않았다. 수업 마무리로 동화 표지 그림을 보여주고 제목을 화이트보드에 쓰고 보드를 들어주는 게임이 진행되었다. 반 친구들은 '백설공주'라고 써서 화이트보드를 들었다. 아들은 아직도 쓰고 있었다. "정답은 백설공주입니다."라고 선생님이 정답을 발표했다. 반 아이들은 "오~예~" 하면서 화이트보드를 흔들었다. 수업은 끝났다. 하지만 아들은 아직도 무엇인가를 쓰고 있었다.

집으로 돌아 온 아들에게 "너는 왜 발표를 안 했어? 발표를 해야지."라고 물었다. 아들은 "엄마, 나는 발표하는 거 싫어."라고 대답했다. 나는 "왜 발표가 싫은 거니?"라고 물었다. 아들은 "떨리기도 하고, 발표하고 싶은 친구가 많잖아."라고 대답했다. 나는 "그렇구나. 발표하고 싶은 친구들에게 양보했구나. 엄마는 네가 발표하는 모습 보고 싶었어."라고 말했다.

그리고나서 "아까 그림 제목을 못 썼어?"라고 물었다. 아들은 "백설공주와 일곱 난장이라고 쓰는데 시간이 모자랐어."라고 말했다. 나는 "세밀하게 쓰느라 늦었구나. 괜찮아."라고 말했다. 나는 평소에도 아들의 말과 행동이 느리다고 생각하고 있었다. 어떤 때는 답답하다고 느끼지만 뭐든 꼼꼼하게 하는 편인 것을 잘 알고 있었다. 빨리 하라고 재촉하다 보면 아들은 긴장하고 피부가 예민해진다. 그래서 나는 늘 '괜찮다'고 말해주고 있었다. 다시 한번 아들을 바라보는 시선을 달리하게 되었다.

나는 아들을 키우면서 시각을 달리하게 됐다. 아들은 어려서부터 아토피로 고생을 많이 했다. 심리적으로 긴장하는 일이 생기면 피부로 반응이 온다. 피가 나도록 긁고 염증이 생기고 다시 긁는 일의 반복이었다. 그러다 보니 잘 먹지도 않고 키도 작고 늘 챙김을 받아야 했다. 세 살 터울인 누나는 키도 크고 자신감이 넘치고 자기주장도 강하다. 같은 부모에게서 태어난 남매지만 참 다르다는 시각으로 키우기 시작했다.

아들은 태어나자마자 아토피 피부염으로 고생을 엄청 많이 했다. 꽃가루, 미세먼지 또는 습열로 인한 땀으로 피부가 가려워 긁는다. 피부에 땀이 차오르고 긁기 시작하면 피가 나고 그곳에 상처가 생기고 염증이 생겨서 진물이 나는 악순환이 계속됐다. 거기다가 관절이 약해 자주 팔꿈

치가 빠져 응급실에 가는 날도 많았다. 신종플루도 감염된 적이 있어서 나는 늘 아들의 건강이 염려되었다. 학생이 되면서는 학업이나 성적에 대한 스트레스로 건강이 더 나빠질까 봐 늘 걱정이었다. 아들은 자연스럽게 건강을 제일 우선으로 하며 키우는 부모가 되었다. 그래서 아들은 딸과는 다른 시선을 가지게 되었다.

이런 점 때문이라도 나는 아들을 바라보는 시각을 달리할 수밖에 없었다. 아들이 일상생활에서 긴장을 덜할 수 있도록 편안한 환경을 위해 노력했다. 초등학생이 되면서 학업, 성적에 대한 스트레스가 피부에 영향이 될까 봐 늘 천천히 해도 괜찮다고 해주었다. 숙제를 할 때도 재촉하거나 비난하기보다는 편안한 말투로 늘 기다려줬다. 부모가 아이를 바라보는 시각을 달리한 것이 아이에게 늘 편안함의 밑바탕이 되었다. 공부나 성적보다는 아이의 건강이 항상 먼저였다. 그런 점이 아이가 좋은 인성을 갖추게 되는 데 큰 역할을 한 것이다.

아이에게 변화를 원한다면 아이를 보는 부모의 시각이 먼저 달라져야 한다. 한 부모 밑에서 태어난 형제들도 제각기 가지고 태어난 능력들이 다르다. 대부분의 부모들은 부모의 생각대로 아이에게 기준을 정하고 아이를 키운다. 그것이 정답이라고 생각하며 아이를 그 기준 안으로 끌어당긴다. 그리고는 아이가 정해놓은 기준에 잘 맞추지 못한다는 생각이

들때마다 아이를 비난하고 비교하고 우롱하는 말을 한다. 또한 부족하다고 생각이 드는 아이를 부모의 기준으로 끌어올리기 위해 애를 쓴다. 그러면서 잘 따라와주지 않는 아이에게 부모는 아무생각 없이 일상적으로 명령하고 강압적으로 요구하고 우롱하는 말 등을 하면서 육아가 '힘들다'고 말한다.

부모는 아이 핑계를 대고 그런 말을 듣는 아이는 자신이 존중받지 못하고, 인정받지 못한다는 생각을 하게 된다. 그러면서 아이의 세상을 견디는 힘이 점점 작아진다. 한편 부모가 아이를 바라보는 시각을 달리한다면 우리 아이만의 특별한 능력을 찾을 수 있게 된다. 나도 느린 아이에게 성적이나 학업만을 강요하기 보다는 시각을 달리하며 기다려 주다보니 아이만의 특별한 능력인 좋은 인성을 알아 보게 되었다. 아이의 특별한 능력을 찾고 그 능력을 키워나갈 수 있도록 부모가 함께해준다면 아이는 자신감이 들게 되면서 아이와 부모 모두 행복하게 살아갈 수 있게 된다.

05

나는 아이를 잘 키우는
부모가 되고 싶었다

김연아 선수는 끈기와 도전을 이야기할 때면 빼놓을 수 없다. 2010년, 밴쿠버 올림픽에서 모든 역경과 부담감을 딛고 '트리플악셀' 기술을 성공하면서 피겨의 불모지인 대한민국에 금메달을 안겨주었다. 그 순간 대한민국 모든 국민은 감동과 감격의 눈물을 흘렸다. 가녀린 스무 살 소녀가 아이스 링크 위에서 힘차게 점프하여 3회전을 하고 난 후 가볍게 안착하는 모습을 나는 두 손을 꼭 쥐고 볼 수밖에 없었다.

나는 김연아의 엄청난 연습과 노력의 양을 김연아 다큐 프로그램을 통해서도 봤기에 감격스러웠다. 전 세계 사람들의 기립 박수를 받는 장면을 지켜보았다. 연기를 마친 김연아 선수는 감격의 눈물인지 해냈다는 눈물인지, 다 마쳤다는 눈물인지는 모르지만 하염없이 눈물을 쏟아냈다. 나도 TV중계를 보면서 감동과 감격의 눈물을 흘렸다. 아마도 그 순간에 같이 눈물을 흘린 국민들이 한둘이 아니었을 것이다.

이런 대단한 선수 이야기 뒤에는 김연아 선수를 키운 어머니에 대한 이야기 또한 감동이다. 아이를 잘 키우고 싶은 부모들에게는 롤 모델로서 그대로 따라 하고 싶은 생각이 들 정도다. 피겨요정 김연아 선수는 인터뷰에서 자신을 한결같이 이끌어주고 피겨 선수로 키워준 엄마에 대한 고마움을 꼭 표현한다.

"엄마가 곁에 없었으면 여기까지 오지 못했을 것"이라면서 무한의 감사함을 표현한다. 자신의 아이로부터 이런 말을 듣는다면 얼마나 행복할까 하는 생각을 했다. 그리고 국민적 관심을 받는 공인으로서의 압박감을 잘 이겨내고 당당하게 살아가는 김연아 선수의 모습은 아이를 키우는 모든 부모들에게 희망이다.

김연아 선수가 어렸을 적 우연히 아이스 링크에 가서 스케이트를 타게 되었다. 그때 유달리 남다른 재능과 호기심을 보이던 딸을 피겨스케이팅으로 끝까지 이끈 사람은 김연아 선수의 어머니이다. 그때만 해도 우리나라에서 피겨스케이팅을 한다는 것은 사막에서 수영을 하겠다는 것과 마찬가지로 어려운 일이었다. 제대로 된 피겨링크장도 없이 김연아 선수의 어머니는 딸의 재능을 믿고 열성적인 후원자가 된다.

김연아 선수의 이야기를 담은 다큐멘터리 방송을 보면, 혹독한 길을 걸어가는 김연아 선수 옆에서 늘 함께 훈련을 다니며 그림자처럼 따라다닌 엄마에 대한 이야기가 나온다. 이후 경제적 어려움에 처하게 되면서 김연아 선수는 운동에 전념하는 데 어려움이 많았지만 피겨에만 전념할 수 있도록 어머니가 늘 함께한다.

어머니는 연아 발에 맞는 스케이트를 구하는 일, 한국빙상연맹의 열악한 지원, 고질적인 허리 부상 등의 수많은 어려움이 있었을 때에도 함께 피겨링크장에 나가 용기를 줬다. 딸과 함께 어려움을 극복하고 2010년 올림픽에서 금메달을 따서 우뚝 서기까지 어머니의 눈물이 늘 함께 있었다. 나는 딸을 믿고 끝까지 뒷바라지해준 어머니를 보면서 어머니가 없었더라면 금메달리스트 김연아 선수는 아마도 없었을 것이라는 생각을 했다. 나도 이처럼 아이를 잘 키우는 엄마가 되고 싶었다.

나는 방문 유아교육 회사인 키드마을의 제주지사 사장으로 일을 한 적이 있다. 유치원이나 어린이집에 방문하여 아이들을 교육하는 일이었다. 나를 포함해 3명의 교사를 두고 운영했다. 나는 사장이기도 하지만 교사

겸 영업사원 겸 1인 3역을 했다. 그즈음 대학 편입을 하고 유아교육 공부까지 시작했다.

일과 더불어 아이 독박 양육까지 몸이 열 개라도 바쁜 워킹 맘이었다. 남편은 금융 회사에서 근무하고 있었다. 아침 8시에 출근해서 밤 12시가 되어서야 퇴근했다. 애들 얼굴 한번 제대로 보기 힘든 더 바쁜 아빠였다. 그래서 아이들 양육은 오로지 나의 몫이었다. 바쁜 워킹 맘에 독박육아 맘이었다. 그러다 보니 아이를 잘 키우고 싶었지만 제대로 된 엄마는 아니었다.

바쁘게 일하다가 집에 들어오면 부랴부랴 저녁 준비를 했다. 삼겹살을 구워 먹기로 하고 준비하고 있었다. 일곱 살 난 딸이 오더니 접시들을 나르려고 했다. 나는 "깨질라~ 조심해라."라고 말했다. 딸은 "알았어요."라고 대답했다. 나는 다시 "대답만 하지 말고. 정말로 조심하라고."라고 말했다. 딸은 "잘할 수 있다고요."라고 대답했다. 나는 "너, 저번에도 접시 떨어뜨렸잖아."라고 또 말했다.

그러자 딸은 "그만 하세요."라고 말했다. 나는 말하는 것을 멈추지 않고 "손가락에 힘주고 잡아야 돼."라고 또 말했다. 결국은 딸은 접시를 들고 가다가 떨어뜨렸다. 나는 기다렸다는 듯이 "아이고 정말~", "왜 엄마 말을 제대로 안 듣니?", "한두 번도 아니고. 엄마 바쁜데, 깨뜨리면 어떡하니?", "너는 도대체 엄마를 도와주는 법이 없어."라고 계속해서 투덜거리고 짜증 내며 말을 했다. 그 말을 들은 딸은 "엄마 미워."라고 하면서 방으로 들어가버렸다.

딸은 덜렁대는 편이라서 물건을 잘 떨어뜨린다. 딸이 깨질 만한 물건을 잡으면 떨어뜨리게 될까 봐 나는 불안하다. 그래서 아이에게 "잘해라.", "조심해라."라는 말을 여러 번 하게 된다. 아이는 자신감이 점점 떨어지고 불안함을 느끼게 되서 결국은 실수를 한다. 실수를 한 아이에게 부모는 자신도 모르게 명령, 비난, 모욕을 주는 부정의 말을 습관처럼 했다. 그런 말을 들은 아이는 당연히 상처를 받고 마음의 문을 닫게 된다.

딸아이가 접시를 깨뜨리는 실수를 했을 때 아이는 두렵고, 당황하고, 놀라고, 어쩔 줄 몰라 했다. 내가 아이의 상황을 알아줬더라면 어땠을까? 아이에게 "괜찮니~", "너도 놀랐구나.", "당황했구나.", "다친 곳은 없니?" 등의 말을 했다면 아이는 불안하고 두렵고 놀란 마음을 진정시킬 수 있었을 것이다.

아이의 마음이 어느 정도 진정 되었을때, "엄마가 도와줄까?", "무슨 문제가 있니?"라고 말을 했더라면 아이에게 스스로 생각할 수 있는 길을 가르칠 수 있다. 그리고 "접시를 잘 잡고 천천히 가볼까?"라는 말을 엄마가 제안 한다면 아이는 그 말을 제대로 알아들을 수 있게 된다. 역시 아직도 아이를 잘 키우고 싶은 열망만 있었지, 먼저 아이를 이해하는 것은 부족했다.

나는 딸의 사춘기를 겪으면서 소통이 잘 되지 않아 어려움이 많았다. 지인의 소개로 뒤늦게 대화법과 감정에 대한 공부를 하면서 딸과의 일상에서 있었던 일들이 떠올랐다. 아이를 잘 키우고 싶은 마음에 아이를 믿고 기다려주지 못한 점들도 많았다. 공부를 하게 되면서 나는 아이에게 미안하다고 말했고 이후 말습관을 조금씩 고쳐 나갔다.

내가 그때부터 말습관이 잘 되었더라면 어땠을까? 일곱 살 딸이 접시를 나르려고 할 때, 내가 딸에게 "엄마를 도와주고 싶었구나."라고 말했더라면 딸은 "네, 엄마를 도와주고 싶어요."라고 대답했을 것이다. 부모는 "위험할 수 있어서 걱정이 되네.", "접시 깨지면 위험하니까, 수저 놓는 것을 도와주는 건 어떠니?", "깨질 수 있으니까, 어떻게 하면 좋을까?"라고 말을 하는 부모였다면 딸은 "좋아요. 엄마 내가 수저랑 포크를 놓는 걸 도울게요.", "내가 천천히 걸어갈게요."라고 말했을 것이다.

그리고 부모가 걱정하는 마음을 알고 자신이 어떻게 행동해야 하는지를 스스로 알고 행동할 수 있었을 것이다. 나는 "엄마 일을 많이 도와준다고 하니 엄마가 기쁘네.", "네가 알아서 할 수 있다고 하니 다 컸네.", "네가 도와줘서 엄마가 훨씬 편하네."라고 말했을 것이다. 그러면 딸도

"다음에도 또 도와줄게요."라고 대답했을 것이다. 평소 내가 일방적인 말을 하는 엄마가 아니라 아이와 소통이 잘 되었더라면 딸의 사춘기에 관계가 성공적이었을 것이다.

대부분의 부모는 아이를 잘 키우고 싶어 한다. 여기저기 육아 책을 뒤지고 홈페이지를 찾아다닌다. 그리고 부모교육을 듣기도 한다. 어떤 엄마들은 주변 엄마들과 만나며 정보 공유를 한다. 어떤 학습지가 좋은지, 좋은 학원은 어딘지, 체험은 언제 어떻게 해야 하는지, 책은 뭘 읽어야 할지 등 좋다는 정보들은 다 듣고 온다.

그런 다음 부모들은 아이의 의견은 묻지도 않고 부모가 알고 있는 방법들을 아이에게 제시하고 따르기를 요구한다. 아이가 어떤 것을 잘하는지 무엇을 원하는지는 중요하지 않고 그저 부모의 생각과 느낌대로 아이의 과업으로 정해 따르도록 한다. 그러면서 부모는 스스로를 좋은 부모이고 자신의 시간과 돈과 열정을 다 투자해서 아이를 최선을 다해 키우고 있다고 착각한다.

그것은 부모의 지나친 열정이고 잘못된 욕망인 것이다. 잘못된 욕망은 아이를 다치게 할 수 있다는 것을 잘 모른다. 나도 아이를 잘 키우고 싶었다. 이후 나는 여러 공부를 통해 나만의 육아 철학이 생겼다. 아이가 스스로 원하는 것을 살피고 하나씩 이루어나갈 수 있도록 옆에서 믿고 기다려주고 지켜봐주었다. 그러는 동안 혹시나 아이가 어려움을 느끼거나 도움이 필요해서 부모에게 도움을 요청했을 때는 언제든지 아이를 도울 수 있어야 한다.

부모의 소망 중 한 가지는 아이가 스스로 무슨 일이든 해나갈 수 있는 성인으로 당당하게 성장하기를 바라는 것이기 때문이다. 이렇게 잘 키우고 싶은 부모가 되고 싶었다.

06
—

부모가 먼저 바뀌어야
아이가 바뀐다

   딸은 태어나서 다른 아이들보다는 일찍 걷기 시작했다. 태어난 지 9개월쯤 되었을 때 한쪽 발을 떼기 시작하더니 돌쯤에는 온 동네를 뛰어다닐 정도였다. 아이 키우기 20년이 지난 지금에야 '모든 아이는 각각 다 다르다.'라고 생각할 수 있지만 엄마가 처음이었던 그 시절에는 아이가 다 다르다는 것을 나는 인식하지 못했다. 그러다 보니 아이 키우기가 힘들다고만 생각했다.

   딸은 무작정 아무 곳이나 돌진하고 마음대로 행동하는 편이었다. 인지발달은 덜 되고 신체발달만 왕성했었다. 그러나 나는 그것을 잘 몰랐다. 아이를 키우는 것이 계속 힘들다고 생각을 했다. 그러다 보니 틈틈이 육아 책을 찾아보게 됐다. 육아 사이트도 찾아보면서 육아법을 찾아 헤맸다. 그럴 때마다 '내 아이에게는 잘 적용이 안 되네.'라는 생각을 했다. 육아가 더 혼란스럽고 정말 어렵고 힘들다고만 생각했다. 나부터 바꿀 생각은 않고 그저 아이만 바꾸어야겠다는 생각을 했던 것이다.

세 살 된 딸을 데리고 소아과에 갔다. 이리저리 뛰는 아이를 데리고 병원을 가야 하는 날은 진이 다 빠질 정도다. 딸의 진료가 끝나자 사탕 받기를 기다렸는데 그날은 사탕이 다 떨어져서 없다는 것이다. 아이는 사탕을 받지 못해 기분이 상했는지 병원 바닥에 주저앉아 투정을 부리기 시작했다. 나는 아이에게 여러 번 "가자~"고 말했다. "이따가 사탕 사줄게."라고 말해도 꿈쩍을 않고 고집을 부렸다. 다시 아이 손을 잡으려고 하자 뒹굴기 시작했다.

나는 창피한 생각이 들었다. 얼른 아이 몸통을 잡고서 일으켰다. 아이는 내려달라며 발버둥쳤다. 나는 아이에게 "너, 왜 힘들게 하니?", "그만해~", "엄마, 힘들어~"라고 말하면서 아이를 강제로 안고 병원을 빠져나왔다. 병원에 있던 다른 부모들이 나만 쳐다보는 것만 같아 너무 얼굴이 화끈거렸다.

약국에 도착해서 아이가 계속 힘들게 할까 봐 얼른 캐릭터 비타민을 사주었다. 아이는 비타민을 먹으며 얌전히 있었다. 3일 후에 다시 소아과에 진료가 있었다. 이번에는 간호사 선생님이 사탕을 주셨다. 아이는 기분이 좋았는지 내 손을 잡고 신나게 약국으로 갔다. 약국에 도착하니 갑자기 손에 든 사탕을 땅에 내팽개쳤다.

캐릭터 비타민을 달라고 생떼를 부리기 시작했다. 아이는 여기 오면 비타민을 얻을 수 있다고 생각했던 것 같다. 그러나 캐릭터 비타민을 주지 않자 다시 떼를 부리기 시작한 것이다. 이래저래 해봐도 안됐다. 나는 결국 아이를 달래기 위해 캐릭터가 그려진 비타민을 사주고서야 집으로 돌아왔다.

나는 아이의 떼쓰는 버릇을 바꾸고 부모의 말을 잘 듣는 아이로 만들겠다는 생각만 했다. 아이를 달래기 위해 사탕과 비타민을 안겨 주는 것은 올바른 훈육이 아니라는 생각을 했다. 이렇게 임시방편으로 아이를 키울 수는 없다고 생각했다. 아이의 행동을 변화시키기 위해서는 내가 아이에 대한 생각을 바꾸어야 한다는 인식을 조금씩 하게 됐다. 아이의 발달, 아이의 생각 등을 먼저 이해할 수 있도록 나부터 인식을 바꾸어야 했다. 나는 여러 권의 육아 관련 책과 정보를 찾아 봤지만 부족함을 느꼈다. 딸이 일곱 살이 될 때쯤 나는 유아교육으로 대학에 편입하여 새로운 공부를 하게 되었다.

딸아이가 유치원 소풍을 가기 전날이었다. 저녁을 먹이고 동네슈퍼로

가서 다음 날 요리할 김밥 재료와 가지고 갈 간식을 샀다. 애들을 부지런히 씻기고 일찍 잠을 재웠다. 나는 딸이 소풍에 가지고 갈 것들을 미리 챙겨두려고 딸의 유치원 가방을 열었다. 딸의 가방 안에는 문구류가 가득 있었다.

지우개, 연필, 가위, 메모지, 반짝이 풀, 색연필 등 딸이 좋아할 만한 물건이었다. 내가 사 준 적이 없는 물건들이 아이 가방 속에 잔뜩 있었다. 나는 놀라고 당황스러웠다. 그리고 왜 여기 있는지 궁금했다. 당장 아이를 깨워 "이 물건들 어디서 난 거야?"라고 묻고 싶었다. 아이는 이미 꿈나라였다. 그리고 유아교육 공부를 막 시작 한 나는 아이 입장을 들어 봐줘야 한다는 생각으로 물건들을 그대로 아이 가방 속에 넣어두었다.

다음 날 아침, 나는 평소처럼 행동했다. 아이에게 "엄마가 도시락을 가방에 넣어줄까?"라고 말했다. 딸아이는 "아뇨, 제가 할게요." 하고 대답했다. 나는 "알았다. 도시락이랑 간식들 쏟아지지 않게 조심히 넣어라."라고 말했다. 이후 아이를 유치원 차에 태워서 보냈다. 나는 딸아이가 소풍을 많이 기대한 것을 안다. 그래서 아이 기분을 망치고 싶지 않았다. 나는 유아에 대해 공부를 하기 시작하면서 기다림의 중요성을 알아가고 있었다.

유치원이 끝나고 아이가 집으로 왔다. 나는 아이를 맞으면서 "오늘 어땠어?"라고 물었다. 아이는 "큰 공룡들을 봤는데 엄청 무서웠어. 친구들이랑 손을 꼭 잡고 가서 하나도 안 무서웠어."라고 수다를 떨었다. 아이 말이 어느 정도 끝날 쯤 나는 자연스럽게 아이 가방을 열면서 "도시락은 어땠어?"라고 물었다. 아이는 "굿이야."라고 대답했다.

나는 도시락을 꺼내면서 "이런 게 있네."라고 말했다. 가방 속에 있던 문구용품들도 꺼내서 보여주었다. 아이는 당황한 듯 "아. 그거. 영어학원에서 받은 거야."라고 말했다. 나는 "그랬어. 왜 이렇게 많이 받은 거야?"라고 물었다. 아이는 "숙제를 잘하고 오면 스티커를 주거든. 그걸 모으면 상품 받는 거야."라고 말했다. 나는 "그래, 네가 숙제를 잘 하고 가서 많이 받은 거구나."라고 말했다. 아이는 별말이 없었다.

나는 다시 "영어 학원 스티커 판 한 번 보여줄래?"라고 말했다. 아이는 "응." 하면서 칭찬스티커 판을 꺼내왔다. 칭찬스티커 판에는 날짜가 있었고 그 날짜 안에는 아직 스티커가 채워지지 않은 빈 칸이 많았다. 나는 아이에게 "아직 칭찬 스티커 판을 다 채우지 못했구나. 그런데도 선물을 이렇게나 많이 받았어?"라고 물었다. 아이는 대답이 없었고 당황해했다.

나는 "혹시 엄마한테 하고 싶은 말 있니?"라고 말했다. 아이는 머뭇거리다가 눈물을 글썽였다. "엄마, 내가 거짓말했어. 실은 스티커 모아서 선물을 받기는 했는데… 다른 친구들도 선물 받았거든, 나는 그 선물도 갖고 싶었어. 그래서 선생님 책상에 있는 것 가져왔어."라고 말했다.

나는 아이가 선생님 몰래 훔쳐왔다고 생각하니 할 말을 잊고 순간 머리가 멍해졌다. 그러나 아이의 발달 단계상 아직 옳고 그름을 정확히 판단할 수 있는 나이가 아니구나 생각하게 되었다. 딸에게 "그렇구나. 다른 것도 가지고 싶었구나. 네가 엄마한테 솔직하게 말해줘서 얼마나 기쁜지 모르겠어."라고 말했다.

아이는 내 품에 안기면서 "엄마, 미안해요."라고 말했다. 나는 "솔직하는 말하는 건 좋은 일이야."라고 말했다. 아이는 "미안해요. 내일 선생님께 다시 가져갈게요."라고 대답했다. 나는 "그래, 선생님께도 솔직하게 말하고 죄송하다고 말하자. 물건을 가져올 때는 주인에게 물어보고 가져오는 거야. 엄마가 같이 도와줄까?"라고 말하자 딸은 "아니요. 제가 혼자 할 수 있어요."라고 대답했다.

다음 날 학원 선생님께 딸아이가 눈치 채지 않게 미리 통화를 했다. 딸의 이야기를 했고 정말 죄송하다는 말을 했다. 딸이 스스로 문구들을 가져다 드리겠다고 용기를 냈으니 지켜봐달라고 당부 드렸다. 딸은 그날은 선생님께 못 드리고 왔다. 나는 "선생님은 네가 솔직하게 말하고 용서를 빈다면 용서해주실 거야."라고 용기를 주었다.

이튿날 딸은 선생님께 물건들을 가져다 드렸다. 선생님은 용서를 해주셨다. 아이는 집으로 와서 기쁘게 말했다. "선생님께 잘못했다고 말했어. 선생님이 용서해주셨어. 그리고 솔직하게 말했으니 착하다고 연필도 주셨어."라면서 기쁜 말투로 말했다.

아이가 남의 물건을 가져온 것을 알았을 때, 내가 예전처럼 아이를 기다려주지 않고 문제아로 취급하는 부모였다면 아이를 당장 깨웠을 것이다. "이게 뭐니? 도대체 어떻게 된 일이야.", "지금 당장 무슨 일이지 말해보렴.", "선생님 물건에 함부로 손을 댔다고?", "도대체 정신이 있는 거니, 이건 도둑질이야.", "엄마 너무 창피하다. 내가 도둑을 키웠구나.", "너 내일 소풍 가지 마."라고 아무 말을 막 하는 부모였다면 딸은 불행한 성장기를 경험하게 되었을 것이다.

부모로부터 비난, 위협, 명령 등의 말을 들은 아이는 두렵고 창피하고 불안하고 걱정스럽고 우울하다. 소풍을 가서도 교사의 말은 들리지도 않고 유치원 생활에 집중할 수 없다. 집중하지 않아 위험한 일이 생길 수도 있고 반 아이들과 즐겁게 지낼 의욕을 잃어버리게 된다. 그리고 두려움에 부모에게는 솔직하게 말할 기회조차도 없게 된다.

그러나 나는 아이에 대한 공부를 하며 일상에서 조금은 변해 있었다. 우선 아이의 문제행동을 알았을 때 무조건 화내고 다그치지 않았다. 아이가 호기심은 많으나 옳고 그름을 판단할 수 있는 상태가 아님을 알고 있었다. 그래서 나는 우선 아이의 입장을 들어보고 기다리는 것을 할 수 있을만큼 변화되어 있었다. 그리고 아이를 충분히 이해하는 말을 하니 아이는 자신의 잘못된 행동을 스스로 깨닫게 됐다. 자신의 행동에 대해 책임지고 용서를 빌겠다는 용기도 낼 수 있었다.

내가 아이를 잘 키우고 있다는 생각이 드는 것 중 하나는 아이가 옳고 그름을 알고 제대로 행동하는 아이로 자라는 것이다. 그리고 자신의 행동에 책임지고 용기 있는 아이로 성장해가는 모습을 보게 될 때이다. 내가 아이를 존중하고 이해하며 기다릴 수 있게 된 변화가 아이에게 스스로 바뀔 수 있는 경험을 하게 했다. 아이가 바뀌기를 바란다면 아이를 이해하고 존중하는 부모가 될 수 있도록 부모가 먼저 바뀌어야 한다. 아이가 바뀐다면 아이는 부모를 믿고 신뢰하게 될 것이다. 아이라고 해서 무조건 부모의 말에 복종해야 하는 것이 아니다. 아이는 자신을 믿고 기다려주는 부모를 신뢰 하게 되는 것이고, 신뢰가 있는 부모의 말을 잘 듣고 따를 수 있도록 바뀌는 것이다.

07
—

부모는 자녀를 성공으로
이끄는 안내자이다

'행복하다고 말할 수 있다면 성공한 아이다.'

우리 어린이집 학부모님 중 대학 때까지 축구 선수를 하셨던 아빠가
계셨다. 나는 그 분이 축구 선수였다는 얘기를 듣고는 재능봉사로 일일
교사가 되어 일곱 살 아이들에게 축구를 가르쳐주십사 하고 부탁했다.
아빠가 흔쾌히 수락하셨다. 아빠는 봉사하는 날에 운동복을 입으시고 일
일교사로 어린이집에 오셨다. 운동장에 아이들을 인계 후 나는 아이들
뒤에서 연습을 지켜봤다.

아빠선생님은 먼저 운동장을 세 바퀴 뛰자고 하셨다. 아빠는 "자 출

발~"이라고 말했다. 아이들은 우왕좌왕 했다. 나는 아이들 앞으로 가서 "자, 두 줄 기차 만들어보자~"라고 말했다. 아이들은 척척 두 줄을 만들었다. 그런 다음 "원장님 따라서 뛰어보자."라고 말하면서 내가 먼저 뛰기 시작했다. 그랬더니 아이들도 나를 따라서 뛰었다.

아빠선생님은 약간 당황하신 거 같았다. 아이들이 자신의 말을 이해하기 어려워한다는 것을 느꼈는지 말을 갑자기 아끼셨다. 뛰기가 끝나자 이번에는 몸 풀기를 하셨다. "자. 준비~ 시작. 오른발~ 왼발~"이라고 말하시며 아빠도 같이 몸을 푸셨다. 이번에는 아이들은 아빠의 동작을 보면서 쉽게 따라서 움직였다. 아빠도 자신감이 생긴 듯 보였다. 아이들이 아빠가 하는 말을 잘 이해하고 동작을 잘 따라하게 되자 아빠의 얼굴에도 미소가 보였다.

몸 풀기 운동을 마치자 아빠는 "이번에는 공을 가지고 계속 따라가는 연습을 할 거야. 자, 시작."이라고 말했다. 아이들은 또 다시 우왕좌왕 했다. 아빠는 순간 아차 하셨다. 이때 나는 다시 "애들아, 원장님이 하는 거 잘 보세요!"라고 말하면서 공을 발 앞에 두고 툭툭 치면서 공을 따라 다니는 시범을 보여줬다. 아이들은 그대로 따라서 공을 툭툭 치며 따라 다니기 시작했다. 점점 재미있어 하더니 너무 신이 나면서 큰소리를 내며 전쟁터를 방불케 하며 운동장을 돌아다니기 시작했다.

아빠는 또다시 당황하셨다. 그때 나는 순간 "그대로 멈춰라~"라고 말했다. 아이들이 멈췄다. 나는 아이들에게 "원장님이 시작하면 공을 따라다니는 거야. 그런데 원장님이 그대로 멈춰라 하면 멈추는 거야. 알겠니?"라고 말했다. 아이들은 힘찬 소리로 "네~~"라고 대답했다. 그래서 나는 "시작"과 "그대로 멈춰라"를 반복했다. 덕분에 아이들이 '공 따라 다니기' 연습을 잘할 수 있었다.

축구 수업이 끝나자 나는 아빠에게 와주셔서 감사하다고 인사했다. 아빠는 선생님들이 아이들이 이해할 수 있도록 말씀하는 것에 많이 놀랐다고 하셨다. 나는 아빠에게 "평소에는 아이와 잘 놀아주시나요?"라고 물었다. 아빠는 "네. 하지만 여섯 살 아들과 놀 때 오래가지 못하고, 아이가 멋대로 하려고 할 때가 많아서 화가 납니다. 제가 먼저 화를 낼 때도 많아요."라고 대답하셨다.

아직 어린 아이에게 부모가 말을 할때면 아이가 이해하기 쉽게 말하는 것은 중요하다고 말했다. 아이가 부모의 말을 잘 이해하지 못해서 아이 생각대로 행동할 수도 있다고 말씀 드렸다. 아빠는 나의 말에 동의하셨다. 오늘 어린이집을 일일교사로 참여하면서 좋은 경험이 되었고 반성하는 시간이 되었다고 하셨다. 그러면서 "내가 너무 어른의 입장에서 아들한테도 말한 거 같아요. 여섯 살 아들이 내 말을 이해하기 어려웠을 거 같아요. 아들에게 미안한 생각이 들고 반성이 됩니다."라고 말했다.

부모들은 가끔 도우미나 일일교사로 어린이집을 방문하여 유치원 교육을 체험한다. 일일교사가 되어 책을 읽어주기도 하고 놀아주기도 한다. 때로는 급식도우미로 급식을 도와주시기도 한다. 대부분의 부모님들이 어린이집에 오시면 제일 힘들어 하는 부분이 있다. 영유아들에게 어떻게 말해야 하는지 그리고 아이들의 질문에 어떻게 대답해야 하는지를 어려워한다.

동화책을 읽어주는데 아이들이 "베짱이는 어떻게 됐어요?"라고 질문을 한다. 그러면 부모들은 말문이 딱 막힌다. 부모님들의 머릿속에는 정답을 알려주어야 한다고 생각하시기 때문이다. 아이들의 질문에 정답이 뭘까 생각하시느라 대답을 못 하신다. 그럴 때면 교사나 원장인 내가 나선다. "애들아 베짱이는 개미가 도와줘서 따뜻한 집에서 같이 행복하게 잘 살았대."라고 말해주면 아이들은 "와." 하고 좋아한다. 아이들의 입장에서, 아이들의 생각 수준에서 말을 해주면 된다.

제주도는 고등학교 입시가 있다. 고등학생이 대학수능을 보는 스트레스처럼 제주도 중학생들은 고등학교 진학이라는 엄청난 학업 스트레스를 경험한다. 아들이 중3이 되자 담임선생님과 진학 관련한 상담 시간이 잡혔다. 아들의 성적은 제주시내 인문계를 들어갈 수는 있다. 하지만 도내에서 성적이 상위권인 아이들만 모인 고등학교라서 들어가면 바로 중하위권으로 밀려나게 된다.

누나가 이미 제주시내 인문계 고등학교를 다니고 있었다. 그리고 부모도 이미 30년 전에 경험했던 부분이라 이런 문제를 잘 알고 있다. 바뀐 것이 있다면 수시입시가 있어서 고등학교의 내신 성적이 대학입시로도 연결이 된다는 것이다. 내신성적이 대학입시로 연결 되다 보니 고등학교에서 중하위권 학생들은 4년제 대학에 여간해서는 들어가기가 어려워진 현실이다. 중학생인 아들은 그런 현실을 잘 알고 있다. 나에게 "학원을 안 다니면 안 되냐?", "대학을 가서 뭘 하나?"라는 말을 자주 한다.

아들의 학원 픽업을 갔다. 차에 탄 아들에게 "요즘 학교생활은 어때?"라고 물었다. 아들은 "뭐 그냥.", "그런데, 오늘 진로 설명회를 하러 은행에서 근무하는 분이 오셨어. 중앙고를 졸업해서 은행에 취직하셨대.", "엄마, 나도 중앙고 금융학과 갈까?"라고 말했다. 나는 "조금 더 생각해 보자." 하고 그냥 지나갔다. 하루는 아들은 "공업고등학교에서 진로 특강을 왔는데 한림공고를 가서 건축 자격증 따고 취업을 하는 건 어때?"라고 말하기도 했다.

나는 아들을 특성화 고등학교에 보내고 싶지는 않았다. 고등학교 3학년 학생들이 산업체에 실습을 가서 제대로 된 어른을 만나지 못하는 경우를 많이 봤다. 그리고 아직 우리나라의 산업 현장은 안전성이 잘 갖춰지지 않아 불안했다. 현장체험 실습을 하다가 목숨을 잃는 사건도 자주 봤다. 어린 나이에 일하는 현장부터 보내고 싶지는 않았다. 대신 아들이 꿈을 향해 경험하고 부딪쳐야 할 때라고 생각했다.

나는 아들에게 "네 꿈이 은행원이니?"라고 물었다. 아들은 "그건 아닌데. 내 꿈이 무엇인지 잘 모르겠어."라고 말했다. 나는 아들에게 "급하게 생각하지 말고 조금 천천히 생각해보자. 우선 네 꿈이 무엇인지 찾는 것이 먼저가 아닐까? 어떤 일을 할 때 가장 행복한지 찾아보자!"라고 말했다. 나는 아들이 진학할 만한 학교들을 여기저기 알아보기 시작했다. 마침 충청북도에 있는 글로벌선진학교를 알게 되었다. 이 학교는 인성을 중요시하는 크리스천 대안학교였다. 나는 기독교인이 아니었다. 그런데 학교가 인성을 중요시하고 글로벌한 꿈을 키울 수 있도록 해주고, 아이들이 다양한 경험을 할 수 있도록 돕는다는 것이 나의 심장을 뛰게 했다. 홈페이지, 카페 등 여러 정보를 찾아보고 학교 설명회에 참석 신청을 했다.

아들에게 내용을 말하니 아들은 불안해했다. 나는 아들에게 "가고 싶지 않은 이유가 있니?"라고 물었다. 아들은 "아는 친구도 없고 어떻게 지내라는 거예요?"라고 대답했다. 나는 "엄마는 해보지도 않고 포기하는 것보다 설명회를 가보자. 어떤 학교인지 구경도 하고 그곳 선생님들도 만나보고 학생들도 보고 난 후에 결정하면 안 될까?"라고 다시 물었다. 아들은 "알겠어요."라고 대답했다.

우리는 학교설명회에서 선생님들을 만나보고 커리큘럼과 운영 안내를 받았다. 학교 학생들도 만났다. 아들은 이 학교에 다니고 싶다며 마음을 바꿨다. 입학 전 프리캠프를 참여하자 친구들도 생겼다며 더욱 용기를 냈다. 진학 후 아들은 다양한 교과 팀플 활동, 시골 초등학생들의 영어교사로 봉사, 학교 축구대표 선수로의 활약 등 다양한 경험을 하게 됐다.

그리고 학교에서 글로벌 리더로 선정되기도 하면서 자신의 인성을 인정받았다. 대학진학을 함에 있어서도 처음에는 건축학을 생각했지만 결국은 자신이 진정으로 하고 싶은 꿈을 찾았다. 봉사하는 삶과 누군가는 해야 하는 일을 하고 싶다며 응급구조사의 길을 선택했다.

아들은 학교를 졸업하는 날 우리에게 편지를 보내왔다. 행복한 고등학교 생활을 할 수 있도록 이끌어주고 믿고 지지해줘서 감사하다는 내용이었다. 아들은 인성이 좋고 내면이 단단한 아이다. 나는 자신의 능력을 발휘할 수 있는 꿈을 꾸며 달리고 있는 아들에게 박수를 보냈다. 부모는 그런 아들의 생각과 선택을 존중해주었다.

아들이 중3일 때 성적 중압감에 못 이겨 자신을 꿈을 버리려고 했다. 나도 아들이 성적에 맞춰 쉽게 가는 길을 택하게 놔뒀더라면 지금쯤 후회하고 있을지도 모른다. 나는 아이가 말할 때 그 뜻을 제대로 알아들었다. 아이가 어떤 문제로 고민하고 있는지를 세밀하게 파악하고 그 문제를 같이 해결하려고 노력했다.

결국 아이는 지금 자신이 가슴 뛰는 일을 향해 가고 있다. 얼마나 행복할까? 행복한 사람은 자신의 삶이 풍요로움으로 가득 차 있음을 느끼기에 스스로를 성공했다고 당당하게 말한다. 당당함에 아이의 마음은 단단해질 것이다. 부모는 아이를 일방적으로 이끄는 것이 아니다. 아이를 이해하고 존중하는 아이의 안내자가 되어 함께 길을 찾아보아야 한다. 이런 점이 아이에게 이런 행복을 느끼게 해주고 아이가 성공자의 삶을 살아가게 해준다. 그러면 부모는 아이를 행복으로 이끈 안내자가 되는 것이다.

2 장

아이의
자존감은
엄마의
말습관에
달려 있다

01
—

부정적인 언어는 아이의 마음을
차갑고 이기적으로 만든다

'부모들의 부정적인 말습관은 아이에게 상처를 준다.'

사춘기의 자녀를 둔 부모들은 늘 불안하고 답답함을 호소하는 일이 많다. 아이는 공부는 뒷전이고 스마트 폰을 붙잡는 시간이 많아진다. 부모가 말이라도 하려면 "신경 꺼."라고 말문을 닫고 방문을 닫고 들어가버려서 부모는 불안하다. 부모는 아이가 무엇이든지 관심을 가졌으면 하는데 관심이 없어 보여 힘들다. 그럼에도 부모는 아이가 잘 자라주기를 바라며 열심히 아이를 뒷바라지하고 시간적, 경제적으로 최선을 다한다. 정작 아이는 성적이 오르지도 않고, 아이가 무슨 생각을 하는지 도대체 알

수가 없어 답답하기만 하다.

사춘기의 아이들은 호르몬의 변화로 자기도 모르게 어려움을 느끼고 있다. 신체 변화와 감정 변화로 아이 스스로도 견디기 힘든 상황이다. 거기다가 학업, 진로 등에서 받는 이중 삼중의 스트레스와 불안함, 답답함을 견디고 있다. 이런 사춘기 아이들 자체를 이해하려는 부모도 많지 않다. 나 역시도 그런 부모였다. 그동안은 아이를 존중하며 기다려주며 잘 키워왔다고 생각했다. 하지만 아이가 사춘기가 되면서 어떻게 아이를 키워야 하는지를 제대로 인식하지 못한 채 그 시간을 맞이했다.

중2가 된 딸을 학교로 태우러 갔다. 일주일에 세 번은 수학 학원에 가야 했다. 학교 끝나는 시간과 맞물려 있어서 걸어가서는 학원 시간을 맞추기가 힘들다. 그래서 나는 중간에 픽업을 해주었다. 일을 하다가 오후 4시쯤 아이 학원 시간에 맞추기 위해 시간을 빼는 게 나에게 쉬운 일은 아니다. 그러나 아이를 위하는 마음으로 기꺼이 수고로움을 감수하고 희생했다.

딸아이가 차를 타자마자 "체육 시간에 태도 점수 깎였어."라고 말했다. 나는 "왜?"라고 물었다. 아이는 "체육복 불량이래."라고 말했다. 나는 "너 체육복 안 입었어?"라고 물었다. 아이는 "체육복 입었거든~"이라고 목소리를 높였다. 나는 "체육복도 입었는데 왜일까? 너 선생님께 잘못한 게 있구나?"라고 물었다. 그랬더니 딸은 "엄마는 잘 모르면서 꼭 그렇게 말해요."라고 말했다.

나는 "그러면 점수가 왜 깎인 거니?"라고 물었다. 아이는 "체육복 속에 티를 입었다고 복장 불량이래. 그래서 점수를 깎는대."라고 말했다. 나는 "그 다음은 네가 어떻게 했는데."라고 묻자 아이는 선생님께 "그런 법이 어디 있어요."라고 말했다는 것이다. 나는 "봐봐~ 너 선생님한테 말할 때도 도끼눈 뜨고 말했지? 선생님한테 공손하게 해야지. 나라도 점수 깎겠네."라고 말했다. 아이는 더 이상 말을 안했다. 한숨을 쉬더니 창밖만 쳐다보았다.

부모는 아이를 예의 바른 아이로 키우고 싶었다. 그 열망으로 아이를 가르치려고 했다. 아이의 화난 감정을 제대로 받아주지 않았고 아이의 감정에는 관심도 없었다. 그저 아이가 행동을 고치기만을 바란 것이다. 평소 부모는 아이의 감정을 받아주고 읽어주는 습관이 안 되어 있다. 그래서 "왜 체육복을 제대로 안 입었냐?"라며 아이의 행동을 비난했다.

그리고 아이 행동이 선생님께 불손했다며 "도끼눈을 뜨면 불량하다.", "선생님께는 공손해야지."라며 아이에게 부모는 부모가 하고 싶은 말만 했다. 아이 마음은 점점 더 부정적인 감정으로 가득 차게 된다. 더 이상 부모와는 말을 하고 싶지 않게 되고 입을 닫게 된다. 어떤 아이들은 부정적인 감정이 책상을 내리치거나 문을 박차거나 하는 과격한 행동으로 표현되는 경우도 많다.

사람의 뇌는 뇌간, 변연계, 대뇌 세 개의 층으로 이루어져 있다. 태어나서 1년 동안은 뇌간이 발달한다. 생명의 뇌라고도 하는 뇌간은 태어나면서 무의식속에서 호흡하고 신진대사를 수행하는 기능들에 관여한다. 이후 변연계의 발달이 활발히 이루어진다. 변연계는 감정의 뇌라고도 하며 대뇌와 뇌간 양쪽으로 지속적으로 상호작용하고 있다. 다음은 이성의 뇌라고도 하는 대뇌의 발달이 활발히 이루어진다. 대뇌는 성인이 될 때까지 계속적으로 발달을 한다. 사람은 변연계에서 감정을 받아들인 후 뇌간과의 상호작용을 할 것인지, 대뇌와 상호작용을 할 것인지에 따라 상당히 다른 사람이 된다. 주변 사람을 살펴보면 동물적인 사람 혹은 이성적인 사람이 있다는 것을 알수 있다. 한편 부모는 아이들의 뇌 발달을 돕는 안내자로써 어느 부분의 뇌 발달을 적극적으로 도울 것인지를 생각해봐야 한다.

아이에게 화가 나거나 무서운 일이 생겼을 때, 아이는 제일 먼저 변연계에서 감정을 알아차린다. 평소 부모가 감정대로 말하고 행동하는 편이라면 감정의 신호가 뇌간으로 상호작용을 하게 된다. 그런 경우 아이도 부모의 감정을 그대로 받아들이면서 뇌간으로 상호작용이 된다면 생명의 위협을 느끼게 된다. 아이는 스스로의 생명을 지키기 위해 욕을 하며 공격하고 화를 내며 덤비게 된다. 또는 말을 하지 않고 생명의 위협을 느끼고 스스로를 지키기 위해 몸을 숨기려는 행동을 하게 되는 것이다.

반대로 아이가 화가 나거나 슬프거나 기쁜 감정을 느꼈을 때 제일 먼저 변연계에서 알아차린다. 평소 부모의 습관이 이성적으로 잘 되어져 있다면, 아이도 감정신호를 대뇌로 상호작용 하게 되면서 이성의 뇌가 발달하게 된다. 그러면 아이는 이성적으로 행동하게 된다. 숨을 내 쉬거나 무작정 걷거나 노래를 부르는 등의 행동 또는 감정을 내리는 말을 하게 된다. 인간의 뇌는 자주 쓰는 쪽으로 더 발달한다. 평소 아이가 감정의 신호를 느꼈을 때 이성의 뇌로 상호작용할 수 있도록 평소에 부모가 올바른 말 사용 습관으로 도와줘야 한다.

저녁을 먹으며 아들이 말을 꺼냈다. "엄마, 내일 수능이라서 우리 학교는 쉬어요."라고 말했다. 나는 "엄마는 안 쉬는데."라고 대답했다. 아들은 "우리 학교에서 고등학생들이 수능 시험 본대. 그래서 오늘 청소 엄청 하고 왔어."라고 말했다. 나는 "쉬니까 엄청 좋겠다."라고 대답하며 말했다.
아들은 "그런데 학원 선생님이 학원을 일찍 오래. 곧 기말고사가 있어서 준비해야 된대."라고 말하는 것이다. 나는 "와~ 학원 선생님이 책임감이 엄청 나시네. 다녀와."라고 대답했다. 아들은 더 이상 말을 안하고 밥만 먹었다. 식사가 다 끝나갈 때 쯤 아들은 "엄마, 친구들은 내일 자전거 타러 간대. 학원 쉬는 친구도 있고. 나는 뭐야~"라고 말했다. 나는 아차 싶었다. 아이의 기분을 얼른 알아차렸다. "너도 친구들과 자전거 타러 놀러 가고 싶구나."라고 말했다. 아들은 웃으면서 "당연하죠."라고 대답했다.

아들은 뜻밖의 휴일에 늦잠도 자고 집에서 쉬면서 게임도 하고 친구들과 놀 생각에 잔뜩 기대했을 것이다. 그런데 학원 선생님이 학원에 일찍 오라는 문자를 보내시니 화도 나고 친구들과 놀지도 못할까 봐 실망스럽고 서운하고 짜증이 났다. 이런 감정을 누군가에게 말하고 싶었다. 그래서 나에게 말한 것이다. 평소에 엄마와는 소통이 되는 관계였기에 가능한 일이다.

그러나 아이가 말을 했을 때 처음에는 부모는 아이의 감정을 몰라줬다. 습관처럼 선생님 입장을 말하는 부모의 이야기를 들었다. 아이는 불편한 감정을 느꼈고 그것이 바로 뇌간에 신호를 보냈다. 아이는 호흡이 가빠지고 화가 나면서 숨이 콱 막혔다. '엄마한테 말해도 소용이 없네!'라고 생각하게 되면서 아이의 마음은 차가워진다. 그러면서 마음에 문도 닫아버리는 것이다. 아이는 '그냥 학원에 가지 말고 문자 못 봤다고 할 것을 그랬네.'라는 생각도 하게 된다.

하지만 나와 아들은 평소에 좋은 관계다. 아들은 잠시 숨을 돌리고 밥을 먹으며 감정을 가라앉히는 이성적인 행동을 했다. 차츰 부정적인 감정이 나아지더니 마음의 문을 열고 엄마에게 다시 말을 하게 됐다. 이때도 내가 아이의 감정을 알아차리지 못했다면 아이의 마음이 다시 차가워졌을 것이다. 다행히도 나는 내가 한 말이 잘못된 것을 바로 알아차렸다.

아이의 마음을 읽어주게 되면서 소통이 이어졌다.

부모들은 습관처럼 아이에게 부정적인 말을 하며 아이에게 상처를 준다. 부모가 부정적인 말습관이 있는 경우 아이는 불안하고 두려워 생명의 위협을 느낀다. 자신의 존재에 대해 부정하고 자존감은 낮아진다. 자존감이 낮은 아이들은 자신감도 없고 현실도피, 우울증, 자살을 시도하기도 하여 점점 더 많은 어려움을 겪게 된다.

또는 자신의 존재감을 폭력적인 말이나 행동으로 인정받으려고 한다. 이는 친구들과의 관계로도 이어져 학교 폭력의 가해자가 되기도 한다. 우리 사회가 청소년 문제를 심각하게 생각할 만큼의 범죄 사건들이 많이 일어나고 있다. 사회범죄자들의 어린 시절을 살펴보면 가정폭력을 당한 경험이 많은 것으로 조사 된것을 보면 가정이 얼마나 중요한지 특히 부모의 존재와 역할이 얼마나 중요한지를 알 수 있다. 아이가 자존감이 낮은 경우 부모들은 아이를 키우기가 점점 더 힘들어진다. 자존감이 높은 아이로 키우려면 부모의 부정적인 말습관은 고쳐야 한다. 평소 부모의 말습관을 아이의 마음을 읽어주며 따뜻함으로 채울 수 있도록 바꿔보는 것은 어떨까?

화를 내면 아이에게
나쁜 본보기를 보여주게 된다

청소년들의 학교 폭력은 날로 증가하고 있다. 같은 학교 친구를 폭행하고 엽기적으로 괴롭히고 납치, 성매매를 시키는 등의 강력 범죄를 저지르기도 한다. SNS를 통해 만난 또래 친구의 사진을 찍거나 편집해서 괴롭히다가 결국 죽이기까지도 한다. 이처럼 잔혹한 범죄를 저지르는 청소년들이 날로 급증하고 있다는 소식이 들려올 때마다 불안하다. 그리고 부모들의 아이들을 어떻게 키워가야 하는지 더욱 걱정을 하게 된다.

청소년들은 무분별하게 장시간 동안 컴퓨터 및 스마트 폰을 사용한다. 그러다 보니 청소년들은 무방비 상태로 선정적이고 폭력적인 내용에 노출되는 일이 많다. 상업성을 중요시하는 회사들은 게임이나 드라마, 영화를 더욱 폭력적이고 선정적이며 잔인하고 비인간적인 내용을 담아 많은 사람들이 보게 한다.

특히나 영상 심의 수준이 약한 유튜브에 나오는 영상들은 비교육적이거나 팩트와 무관한 내용으로 영상을 만드는 유투버들도 많다. 사람들의 흥미와 호기심만을 자극하여 클릭수를 높이는 마케팅 전략으로 돈을 벌겠다는 의도를 가지고 만들어지는 영상도 많다. 특히나 청소년을 대상으로 이런 범죄를 저지르는 사람들도 많이 보게 된다.

우리 사회가 청소년에 대한 범죄 의식이 너무 형편없는 건 아닌지 불안하고 걱정스럽다. 호기심이 많은 아이들이 이를 모방하고 따라 하게 되는 건 아닌지, 어떻게 내 아이를 안전하게 지키며 키울지, 자녀를 둔 부모들은 이런 사회에 대해 걱정과 불편함을 가지고 있다. 거기다가 시시각각 변하는 아이의 학업이나 진로 환경에 대해서도 고민과 어려움이 많다.

친구아들은 중학교에서 유명했다. 나는 친구아들을 어려서부터 봐왔다. 친구아들은 초등학생이었을 때 운동을 좋아하고 잘해서 운동선수가 꿈이었다. 운동도 잘하고 친구들이 따르다 보니 본의 아니게 학교에서 저절로 짱이 됐다. 중학교로 진학하면서 사춘기와도 맞물려 운동에 흥미를 잃고 고민하고 방황하게 되었다. 그러면서 학교를 다니기 싫어하는 아이들과 어울리기도 했다.

아들은 공부 필요성을 못 느꼈다. 그러다 보니 학교를 가면 흥미가 없어 엎드려 자다가 급식 먹고 집으로 왔다. 집에 오면 친구들과 모여 게임하고 스마트폰을 보면서 논다. 친구들은 그 집에서 자고 가기도 했다. 친구는 사춘기인 아들이 매우 걱정 되었지만 아들과 화내고 싸우게 된다면 아들을 집밖으로 내몰게 되는 일이라고 생각했다. 왜냐하면 아들이 지금 호기심 많고 혈기 왕성한 사춘기 시기이니 어른들의 눈을 피해 밖에서 질풍노도의 길을 가게 될 수도 있다는 것을 너무도 잘 이해하고 있었기 때문이다. 그래서 참고 기다렸다.

아들이 집밖에 있으면 더 나쁜 일에 연루될 수도 있기 때문에 아들을 집에 붙잡아두기 위해 수를 썼다. 매일 소고기를 사서 냉장고에 둔다. 그리고 아들에게 "집에 고기 사다 났다. 친구들이랑 구워 먹어라. 엄마는 조금 늦는다."라고 메시지를 보냈다. 그러면 아들은 친구들과 집에서 고기를 구워 먹고 얘기를 나누기도 하며 놀았다. 지금은 어엿한 성인으로 자랐고 최근에는 아들은 자신의 꿈을 찾았다. 그리고 열정적으로 도전하고 있다.

부모의 사춘기 때로 돌아가서 생각해보자. 30년 전 부모도 지금의 청소년과 별로 다르지 않았다. 확고한 꿈을 정해놓은 것도 아니었다. 나 역시도 어떤 진로, 학과, 대학을 정해야 할지 고민하고 방황하던 시기였다. 친구 따라 강남 가듯 학교가 끝나면 친구랑 모여 떡볶이를 먹고 만화책을 빌려보고, 지하상가에 가 옷 구경을 가고, 인기 있는 배우의 영화 비디오를 빌려서 같이 보기도 하면서 청소년기를 보냈다.

지금의 아이들도 별반 차이가 없다. 진로와 학업 때문에 방황하고 친구가 좋아서 늘 휴대폰으로 SNS를 한다. 폰에서 만나고 폰에서 쇼핑하고 음악 듣고, 영화 보고 게임을 하는 것뿐이다. 우리가 했던 모든 것이 폰으로 이루어지는 세상인 것 뿐이다. 그러나 부모들은 아이들에게 그저 휴대폰만 한다고 잔소리를 했다.

사춘기 자녀와의 어려움을 토로하는 부모들의 이야기를 살펴보면 아이들이 일상에서 일찍 일어나지 않는 점, 방 정리를 하지 않는 점, 가족에게 말할 때 감정적으로 말하는 점, 태도가 까칠하고 불손한 점, 종일 스마트 폰만 보면서 지내는 점 등이 문제가 많다고 생각한다. 부모는 이를 바로 잡으려고 말을 하다 보니 갈등이 생기고 깊어진다.

사춘기 아이들은 성장호르몬으로 영향으로 신체 발달이 급격해지고 호르몬의 영향으로 아이들 스스로가 어떻게 제어해야 할지 모른다. 거기다가 성호르몬이 왕성하게 분비되면서 성적 호기심으로 불안하고 혼란스러운 상태다. 부모는 이런 사춘기의 행동들을 아이들이 커가는 과정으로 자연스럽게 생각해야 하는 것이 더 적절하다.

딸아이가 중학교 2학년 말쯤이 되면서 사춘기 징조가 나오기 시작하더니 고입 시험이 끝나고 나서 사춘기가 더 심해졌다. 고등학교에 가서는 성적이 떨어지고 갈수록 성실하지 못하고, 부모에게 까칠하게 굴고, 스마트 폰으로 몇 시간씩 친구와 통화를 하거나 휴대폰을 붙잡는 있는 시간이 점차 많아졌다. 남편과 나도 사춘기 자녀를 둔 다른 부모들처럼 소통이 되지 않고 갈등이 심해져 어려움이 찾아 왔다.

폰 때문에 아빠와 딸 간에 심각한 갈등이 발생했다. 시험 기간인데도 휴대폰을 들고 있는 딸이 못마땅했다. 대안으로 밤 12시에 폰을 아빠한테 제출하기로 약속했다. 처음 며칠은 말을 듣더니 부모가 잠 들고나면 휴대폰을 가져가서 사용했다. 제자리로 반납되지 않은 것을 아빠가 눈치채고 나서 그 일로 우리 집은 전쟁이 났다.

딸은 자기 자유를 빼앗는다며 심하게 대들었고 아빠는 약속을 지키지 않았다는 이유로 "휴대폰을 없애겠다"고 협박했다. 딸은 "맘대로 하세요."라고 말하며 대들었다. 아빠는 "그래. 알았어."라고 말하며 휴대폰을 망치로 부숴버렸다. 딸은 큰소리로 울고불고 한바탕 난리가 났다. 그리고 딸은 방문을 닫아버리고 가족과 단절했다.

다음날 아침에 딸은 깨우지도 않았는데도 일어났다. 평소에는 학교까지 차로 픽업을 해준다. 그런데 말없이 옷과 가방을 챙기더니 집을 나갔다. 버스를 타고 간 모양이다. 밤 12시가 되면 집으로 돌아왔다. 이런 일이 일주일째 계속됐다. 내가 딸에게 "어디 있다가 오는 거니?"라고 물어도 딸은 대답도 안 하고 방으로 들어가서 방문을 닫았다. 나는 일단 딸을 그냥 놔뒀다.

며칠 후에 학교에 가려고 집을 나서는 딸에게 "가서 먹어."라고 말하며 샌드위치를 가방에 넣어주었다. 딸은 거부하지 않고 샌드위치를 가지고 갔다. 나는 딸이 '조금은 마음을 열었구나.'라고 생각했다. 다음날은 삼각김밥을 만들어서 줬다. 그다음 날은 밥버거를 만들어서 줬다. 거부하지 않고 들고 가는 딸을 보면서 조금은 안심이 되었다.

남편은 큰소리로 대드는 딸을 때릴 뻔했다는 것이다. 핸드폰을 부수기는 했지만 딸을 때렸더라면 아빠의 마음도 딸의 마음도 큰 상처구멍이 났을 것이다. 남편은 더 참았어야 했는데 휴대폰을 부순 거 같다고 말했다. 휴대폰을 부순 일에 대해서는 후회한다고 했다. 남편의 말을 들으니 남편을 조금은 이해할 수 있었다. 남편은 딸이 "마음대로 휴대폰을 가져가서 죄송합니다. 용서해주세요."라고 공손하게 말해주기를 바랐다. 나는 부모도 다 잘할 수는 없으니까 그런 행동을 할 수는 있다고 말했다. 하지만 부모가 더 이성적으로 참고 행동해야 한다고 말했다. 딸은 지금 성장하는 과정에 있으니 우리가 기다리고 힘이 되어주자고 말했다.

나는 아이가 사춘기가 되면서 소통이 되지 않고 전쟁 같은 날이 이어지면서 혼란스러웠다. 무엇보다도 내 자신의 삶의 철학이 흔들렸다. 어디서부터 잘못된 것일까? 내가 무엇을 잘못했을까? 우리는 왜 이렇게 됐을까? 내 자신을 뒤돌아봤다. 그동안 나는 아이를 존중하고 기다려주며 잘 키워왔다고 생각한다. 잘해주던 아이의 모습이 떠오르기도 했다. 그걸 보면서 '내가 잘 키우고 있구나.'라는 자부심도 들었다. 그러나 서로 말이 통하지 않고 화내고 소리치는 모습에 나의 모든 것이 한순간에 무너지기도 한다는 것을 깨달았다.

아이와 갈등이 있을 때 부모가 화를 낸다면 아이에게 본보기가 되어 아이도 화내는 것을 쉽게 생각할 수 있게 된다. 이것은 부모가 아이에게 부정적인 감정을 더 심어주게 되고 아이에게 희망이 없다고 말하는 것과 마찬가지다. 아이가 화내는 행동을 일상에서 습관처럼 하게 된다면 아이는 가정, 학교 등에서도 엄청난 문제와 어려움이 생기게 된다. 그러면 부모는 아이를 잘 키워보려고 의지를 가졌던 부분에 대해서 엉뚱한 결과들이 생기게 되어 힘이 빠지고 힘들다. 부모가 진정으로 바라고 원하는 것이 무엇인지를 진심과 따뜻함을 담아 아이에게 전달해야 한다. 그러면 아이도 마음을 열고 부모님을 존중하고 따르게 된다.

03

___

긍정적인 질문은 아이에게
긍정적인 대답을 유도한다

아이를 키우는 집이면 늘상 어지럽혀져 있는 것 때문에 갈등의 연속이다. 밖에서 일하고 집으로 돌아와 현관문을 열었는데 여기저기 어지럽혀져 있는 것을 본다면 부모는 화가 올라온다. 그러면 아이에게 화를 내며 소리를 지른다. "도대체 이게 뭐야. 치우라고 했지?", "네가 돼지니?", "돼지들도 이보다는 깨끗하게 살겠다.", "몇 번을 말해야 알아 들을 거니?", "너한테 기회를 계속 주고 있는데, 정말 안 하네." 이런 말을 많이 하게 된다.

부모는 부정적인 언어를 쓰면 아이에게 나쁜 영향을 줄 수 있다는 것을 알게 되면서부터 우선 말할 때 소리를 낮추고 부드러운 톤으로 말을 시작했다. 그리고 명령보다는 부탁하는 청유형으로 말했다. "또 어질러 놨구나.", "엄마가 열 셀게. 그동안 정리해보자."라고 말했다. 그런데 아이들은 아직도 정리를 시작하지 않는다. 부모는 슬슬 화가 더 올라온다. 하지만 기회를 한 번 더 줘야 한다고 생각을 하며 다시 말했다. 다시 말했다. "엄마 피곤하니까. 정리하자." 여러 번 말해도 진전이 없었다. 부모는 이번에는 "정리 안 하면 엄마 나가버린다."라고 큰소리로 말했다.

부모도 매번 잘할 수는 없다. 잘해보려고 노력하지만 한결같이 할 수는 없다. 그래서 경고하는 말을 하고 화를 냈지만 잘못했음을 인정하고 다시 방법을 생각했다. 부모는 화를 내지 않고 아이들이 스스로 놀잇감을 정리하기를 바란다면 어떻게 하면 좋을지 고민을 했다. 당장 더 화를 내고 소리지르고 회초리를 들지 않고 천천히 생각을 해보는 것은 좋은 방법이다. 그리고 어떻게 말을 할 것인지를 생각해내고 적어 보면서 다음날에는 말을 바꿔 본다.

집에 들어갔는데 옷들이 다 나와 있고 책들이 한쪽에 쌓여 있다. 부모는 "무슨 일이 있었니?"라고 말했다. 아이는 "동생이랑 엄마 아빠 놀이하고 있었어."라고 대답했다. 부모는 "엄마 아빠 놀이를 했구나. 그런데 옷들은 어떻게 다 나와 있는 거야?"라고 물었다. 아이는 "엄마랑 아빠랑 출근할 때 어떤 옷을 입을지 옷을 골라야 되잖아."라고 대답했다.

부모는 "그렇구나. 옷이 필요해서 다 꺼냈구나. 엄마 아빠 놀이는 재미있니?"라고 물었다. 아이들은 "응 재미있었어. 여기는 아빠 회사야."라고 한쪽에 책들을 가득 쌓아놓은 곳을 가리켰다. 부모는 "그렇구나. 충분히 놀았니?"라고 물었다. 아이는 "아직요. 조금 더 놀고 싶어요."라고 대답했다.

"엄마는 저녁 준비를 할 거야, 언제까지 놀이할 거니?"라고 물었다. 그러자 아이들은 "조금만 더 놀게요."라고 대답했다. 부모는 "알았다. 조금만 더 놀자. 그런데 엄마가 저녁 준비가 다 되면 어떡하지?"라고 물었다. 아이들은 "그때까지는 정리할게요."라고 대답했다. 엄마는 "좋아~ 그때까지 재밌게 놀아."라고 말했다. 아이들은 바로 몇 분이 안 지나서 옷들을 옷장에 걸어 두고 책을 정리하기 시작했다. 부모는 화를 내지 않고도 아이들이 스스로 정리할 수 있도록 하게 되어 기분이 좋았다.

고등학교 1학년 딸이 아빠와 핸드폰 갈등이 있고 난 후 며칠째 소통하지 않았다. 나는 딸의 감정이 내려가기를 기다렸다. 일주일 정도 지났을 때쯤 딸에게 말했다. "오늘 학교로 데리러 갈까?"라고 말했다. 딸은 "금요일까지는 안 돼요."라고 대답했다. 나는 "무슨 일이 있니?"라고 물었다. 딸은 "금요일에 말해줄게요."라고 대답했다. 나는 무슨 일이 생긴 건 아닌지 너무 궁금해서 당장 말해주기를 바랐지만 금요일까지 기다렸다.

자율학습은 밤 9시에 끝난다. 버스를 타고 집에 오면 10시쯤 도착해야 한다. 그러나 12시가 다 되어서야 지친 표정으로 집에 들어왔다. 나는 "무슨 일이 있니?"라고 물었다. 딸은 "사실은 나 알바하고 왔어."라고 대답했다. 어쩐지 며칠 동안 딸은 집에 들어오면 바로 방으로 들어가 버렸다. 딸은 땀 냄새, 고기 구운 냄새가 옷에 남아 있어 들킬까 봐 그냥 들어가 버린 거였다. 부모는 그런 줄도 모르고 아빠와의 갈등 때문이라고 걱정했다. 그 일로 완전히 마음의 문을 닫은 건 아닌지 걱정했었다.

나는 놀랐지만 최대한 부드럽게 말했다. "어떻게 알바를 하게 된 거니?"라고 물었다, "돈이 필요해서."라고 대답했다. "휴대폰이 없어 답답하기도 해서 중고폰을 사야겠다고 생각했어." 딸은 자기가 번 돈으로 휴대폰을 산다면 아빠가 휴대폰을 함부로 할 수 없다고 생각했다. 그래서 돈을 벌기 위해 서빙 알바를 했다는 것이다. 예전에도 친구 대타로 하루 알바를 하루 간 적이 있어서 서빙 알바를 쉽게 구할 수 있었다고 했다.

막상 1주일 정도 학교와 병행해서 알바를 하니 몸은 지치고, 집중이 안 되고 늘 피곤했다. 학교를 가면 잠만 자게 되서 여러모로 겁도 났다. 그리고 돈 버는 일이 쉬운 일은 아니라는 깨달음을 얻었다. 오늘까지만 알바를 가면 중고 폰을 살 돈은 마련되니까 그만두기로 말했다. 그리고 마무리로 오늘 일을 마치고 왔다는 것이다.

나는 딸이 공부하기도 바쁜데 시간을 낭비했다고 생각할 수도 있었지만 딸이 돈을 주고도 못 배울 일들은 경험했다는 긍정적인 생각이 들었다. 대신 부모 허락 없이 청소년이 일을 하는 건 불법이라는 말해줬다. 나는 "네가 엄마 몰래 알바를 했다니 놀랐어. 폰을 사기 위해 했다고 하니 더 놀랐지만 너의 용기는 대단하다고 생각한다."라고 말했다. "피곤할 텐데 들어가서 쉬어."라고 말했다.

딸은 무슨 말을 더 하고 싶은 눈치다. 나는 "더 하고 싶은 말이 있니?"라고 물었다. 딸은 말이 없다. 나는 다시 "엄마가 도와줘야 하는 일이 있니?"라고 물었다. 딸은 잠시 머뭇거리더니 "오늘 알바 마지막 날이라서 알바비를 받을 거라고 생각했어. 그런데 사장님이 다음주에 주신대."라고 말했다. "못 받을까 봐 걱정되니?"라고 물었다.

딸은 "주실 거야. 좋은 분 같았어."라고 대답했다. 부모는 "그래 좋으신 분이구나. 그래도 알바비가 안 들어오면 엄마한테 말해줄래? 엄마가 도울 수 있으면 도와줄게."라고 말했다. 딸은 "엄마에게 말하고 나니 마음이 편해졌어요. 그리고 힘이 돼요. 고마워요."라고 말했다. 딸은 얼굴 표정이 긍정적으로 밝아졌다.

만약에 부모가 긍정적인 마음으로 말하지 않고 밤 12시가 되서 들어오는 딸에게 "지금이 몇 신 줄 아냐?", "도대체 생각이 있는 거냐?", "어디가서 뭐하다 오냐?", "네 감정만 소중하냐? 다른 사람 생각은 안 하냐?"라는 비난, 비교, 무시하는 말로 말을 했다면 아이는 어떤 생각을 할까? 아마도 아이는 '집에 들어와도 난리야?', '나는 집에 들어오면 안 되는 사람이구나.', '지금 일하고 와서 너무 피곤한데.', '집을 나가버릴까?' 하는 더욱 부정적인 생각을 하게 된다.

그렇게 되면 나는 딸이 서빙 알바를 하게 된 일, 돈이 필요한 이유, 돈을 벌면서 느낀 점, 아직 돈을 못 받은 일 등을 통 알 수 없다. 딸은 알바비를 못 받게 되거나 돈을 벌기 위해 더 큰 어려움에 빠졌을 때 나에게 도움을 요청할 수도 없다. 그 돈을 받기 위해 다른 안 좋은 일을 제안하는 사람이라도 만난다면 아이는 더 깊은 수렁에 빠지게 될 수도 있다.

나는 〈나의 아저씨〉라는 드라마 속 '이지안'이라는 인물을 보면서 가슴 저렸던 생각이 났다. 아픈 할머니와 가난, 매일 빚에 쫓기는 삶의 무게가 너무도 컸다. 점점 더 차디찬 돌덩이 같은 마음이 되어버린 아이가 있다. 이 아이에게 세상은 긍정적인 미소를 한 번이라도 보내주지 않았다. 부모라는 울타리도 없이 험한 세상을 살아내려고 애쓰지만, 현실은 너무나도 혹독하고 점점 더 수렁으로 빠진다. 그런 '이지안'이라는 여자아이의 마음을 따뜻하게 긍정적으로 녹여준 진솔한 박동훈 아저씨를 만난다. 사람 나는 냄새가 무엇인지, 따뜻한 정이 무언지 알게 해준 '나의 아저씨'를 통해 이지안의 세상을 바라보는 눈이 변한다는 내용이다. 이처럼 부모는 아이에게 긍정적인 울타리가 되어야 한다.

방이 어지러운 것을 보고 직접 치워주는 부모도 있다. 어떤 부모는 아이에게 "방을 치우는 게 어때?", "방이 깨끗하면 너의 기분도 좋아지는 거 아니?", "이제는 방 청소 정도는 스스로 해야 하는 거 아니니?"라고 말을 하기도 한다. 이 말은 답을 정해놓고 질문하는 부모다. 이 경우 아이는 스스로 해결책을 생각하고 찾아가는 경험을 하지 못하게 된다. 아이들 스스로가 행동 변화하기를 바란다면 부모는 좋은 질문을 해야 한다. 아이가 자신을 돌아볼 수 있게 하고 문제를 해결하는 경험을 하도록 말해야 한다.

예를 들면 "방이 어지러운데, 어떻게 하면 좋을까?"라고 질문하며 말한다. 아이가 '방이 어지럽구나. 어떡하지?'라고 스스로 처한 상황을 생각하고 해결책을 찾으려고 노력하게끔 만든다. 아이가 긍정적으로 답을 찾았을 때 부모는 답을 찾은 아이를 칭찬해주어야 한다. "5분 있다가 정리한다고, 좋은 생각이네."라고 칭찬을 해주어야 한다.

또한 아이에게 "어려운 일은 없니?", "혹시 도움이 필요하니?" 등의 질문을 하고 아이의 대답을 들어봐야 한다. 아이가 자라면서 친구, 교사, 학교, 학원 등 사람들 관계가 다양해지고 생활 환경이 커지고 넓어진다. 아이가 만나는 환경이 넓어지면서 혼자 해결하기 어려운 일들도 더 많이 발생하고 문제도 커질 수 있다. 부모의 긍정적인 질문으로 아이에게 긍정적으로 도울 수 있다는 것을 알려주고 도움에 대한 요청이 있을 시에는 부모는 아이에게 든든한 울타리가 되어주어야 한다.

엄마가 말을 꺼내기 전에
먼저 아이의 생각을 물어보자

고등학생인 아이가 있으면 가족끼리 같이 저녁 한번 먹기 힘들다. 고등학생은 야간자율 학습까지 하면 밤 9시에 끝난다. 주말이면 학원에 가야 한다. 좀처럼 가족이 만나기가 어렵다. 아이도 바쁘지만 부모들도 아이 시간에 맞춰 이리저리 픽업 하고 신경 쓰느라 바쁘고 지친다. 이런 모습은 대한민국에서 고등학생을 둔 집이라면 익숙한 풍경이다. 부모들 사이에서는 수능벼슬이라는 말이 있을 정도로 고3인 아이가 있는 집은 큰 상전을 모신 듯이 살 정도였다.

크리스마스가 다가왔다. 아이가 어렸을 적에는 트리도 꾸미고 양말도 걸어두고 산타할아버지께 편지도 쓰면서 성탄 분위기를 즐겼다. 하지만 산타할아버지의 존재를 알게 되는 나이가 되자 그런 동심은 사라졌다. 가족끼리 만나서 영화 보고 밥 먹고 용돈이나 선물을 주는 거 정도로 보냈다.

아빠가 아침 토스트를 먹고 있는 딸에게 "크리스마스 날 3시에 영화 예약했다. 영화 보고 갈 뷔페도 예약했다."라고 말했다. 딸은 "그날 학원 가는데."라고 대답했다. 아빠는 "그날 학원 간다고? 학원 빼. 빨간 날에도 가는 곳이 있나?"라고 딸을 생각해주듯 말했다. 딸은 "정말 학원 빼도 돼? 학원 끝나고 친구랑 저녁 먹기로 했거든."이라고 대답했다. 아빠는 기분이 상한 듯 "그럼 안 간다는 거지? 다 취소할게."라고 말했다.

나도 덩달아 딸에게 "너무한다. 어쩜 가족 생각은 하나도 안 하니?"라고 말했다. 그러자 딸은 격앙된 목소리로 "두 분~ 도대체 저한테 왜 그러세요? 저한테 미리 물어 봤나요?"라고 말했다. 그러자 아빠는 "지금 말하잖아."라고 말했다. 딸은 "친구도 내 맘대로 못 만나나요. 그날밖에 시간이 없다구요."라고 말했다. 아침 먹다가 일어나서는 학교로 가버렸다.

딸이 나간 후에도 나는 화가 풀리지 않았다. 아침 뒤처리를 하면서도 감정이 잘 내려가지 않았다. 아들은 나와 같이 차를 타고 학교로 간다. 출근하다가 아들을 학교 앞에 내려준다. 말없이 차를 같이 타고 가던 아들이 차에서 내리면서 "엄마 잘 가~"라고 말했다. 그때서야 나는 자신이

'너무 감정에 빠져 다른 가족을 생각 못했구나.'라고 생각했다. 아들에게 "엄마가 미안, 네 생각을 못 했네~ 잘 다녀와~"라고 말했다. 아들에게 말하다 보니 감정이 조금 내려갔다.

나의 어린 시절에는 명절 때만 가족이 모여서 음식을 만들고 나눠 먹었다. 크리스마스는 그냥 빨간 날, 먼 유럽 나라의 축제 정도였다. 친구들과 카드를 주고받거나 친한 친구끼리 먹고 영화 보고 길거리 쇼핑을 다녔던 기억이 났다. 나도 가족보다는 친구가 전부였던 때가 있었다. 딸도 지금은 친구가 더 소중하다고 생각하는 시기임을 이해해야 했다.

밤늦게 집에 온 딸에게 말했다. "엄마가 미안해, 엄마는 네가 가족보다 친구를 더 생각하는 거 같아서 섭섭한 마음에 그렇게 말한 거 같아."라고 딸에게 사과의 말을 먼저 했다. 딸은 "알았어요. 그리고 아빠도 미리 물어봐줬으면 좋을 것 같아요."라고 말했다. 나는 "엄마도 아빠에게 그렇게 얘기해볼게. 그리고 엄마도 앞으로는 너한테 미리 물어보도록 노력할게."라고 말해주면서 더 이상 문제없이 이 시기를 넘겼다.

딸은 고2, 아들은 중2, 이 시기에 아빠와 사춘기 딸의 갈등, 엄마와 딸의 갈등, 아빠와 엄마의 갈등으로 우리 가족은 소통이 단절됐다. 위기라고 느낄 정도로 매일이 살얼음판이었다. 그나마 나와 아들만 소통이 되고 있던 때였다. 나의 출근 시간과 중학생 아들의 등교 시간이 맞아서 차를 같이 타고 가다가 학교 앞에서 내려준다. 가는 동안 이런저런 얘기를 많이 했다. 아직 아들은 사춘기가 안 왔는지 서로 소통이 됐다.

어느 날 학교 끝나고 아들에게서 전화가 왔다. 친구 집에 놀러 갔다고 한다. 그곳에서 포메라니안 새끼 강아지들을 봤는데 너무 귀엽다고 했다. 한참 얘기를 들어주고 있는데 아들이 "엄마, 그런데 이 강아지들이 나를 너무 쫓아와. 곧 겨울이잖아. 강아지들이 추울까 봐 여기 친구 집으로 잠깐 데리고 온 거래. 조금 있으면 분양해야 된다고 하는데 우리도 한 마리 분양 받으면 안 될까?"라고 물어봤다.

나는 벌레, 고양이, 강아지 등 살아 있는 것들을 엄청 무서워한다. 어렸을 적에는 길을 가다가 멀리서 개가 보이면 그 자리에 서 있거나 아니면 길을 돌아서 다녔을 정도다. 그래서 아들에게 강아지를 키우겠다고 쉽게 대답할 수가 없었다. 아들에게는 싫어. 안돼라는 말보다는 "엄마가 고민해볼게."라고 말했다. 그보다 더 해결이 시급한 것은 우리 가족이 지금 소통이 되지 않아 어려움을 겪고 있는 것이었다.

나는 돌파구가 필요하다고 생각했다. 강아지를 키워보는 것이 돌파구가 되지 않을까 하는 생각을 했다. 하지만 나는 강아지가 무섭고 싫다. 너무 고민이 되었다. 고민만 하다가 때를 놓칠 수도 있다는 생각을 했다. 친한 친구가 하나뿐인 중학생 딸을 외국으로 유학 보내고 나서 1년 동안 꽤 많이 힘들었을 때 강아지를 분양 받아 키웠는데 위안이 됐다는 말을 들었던 것이 생각났다.

나는 용기를 내기로 결정했다. 가족 카톡을 만들고 단체 카톡에 "아들 친구네가 강아지를 분양한다고 하는데 우리도 강아지 분양받는 거 어때요?"라고 가족 모두에게 의견을 물었다. 소통이 안 되던 가족 카톡에 답이 왔다. 아들은 "무조건 찬성", 딸은 "어떤 강아지?", 남편은 "너만 결정하면 될 듯."이라고 세 명의 대답이 왔다. 다들 누군가는 먼저 말을 걸어 주기를 기다린 듯이 답이 왔다.

나는 조금 흥분되었다. 가족의 소통이 강아지 얘기로 다시 시작되었다. 나는 카톡에 "나는 강아지 너무 무서운데~"라고 썼다. 그러자 아들이 "새끼 강아지 내가 봤는데 인형 같아."라고 올라왔다. 딸은 "사진 있으면 올려줘."라고 다시 올라왔다. 아들은 친구 집에서 찍은 귀여운 포메라니안 강아지 사진을 올렸다.

딸이 "너무 귀엽다."라며 카톡이 난리가 났다. 나는 "강아지를 만질 자신이 없어. 강아지를 한번 보고나서 결정해도 될까?"라고 올렸다. 그랬더니 아들은 "엄마, 강아지 목욕은 내가 시킬게."라고 올라왔다. 딸은 "간식이랑 밥을 내가 챙길게."라고 올라왔다. 나는 이때다 싶어서 "우리 집에 오게 되면 모두가 책임지고 함께 돌봐야 된다."고 올렸다.

"가족 중 한 사람이 강아지 케어를 전담하면 한 사람만 힘들다. 그것 때문에 갈등이 생길 수 있어."라고 올렸다. "당번을 정해서 관리해줄 수 있어?"라고 물었다. 가족 셋이 전부 다 "네~"라고 대답했다. 강아지를 보러 가족이 다 같이 다녀왔고 아주 작고 예쁜 강아지가 우리 집으로 오게 되었다. 가족을 해피하게 만들어달라는 의미로 강아지 이름을 '해피'로 지었다.

학령기의 자녀를 둔 부모라면 아이를 부모 자신으로부터 분리해낼 수 있어야 한다. 이 시기부터 부모의 역할은 아이가 독립성을 갖추고 부모로부터 독립하여 사회를 잘 살아갈 수 있도록 하는 돕는 안내자, 동반자 역할로 바뀌어야 한다. 지금까지 부모가 양육하고 훈육하는 역할이 컸다면, 아이가 성장해가면서는 부모는 상담자이고 안내자, 동반자의 역할을 하며 함께 성장해야 한다.

자녀를 동반자적 입장으로 바라본다면, 아이가 부모와 함께 식사를 해야 하거나. 양가 친척 집 방문 계획이 있을 때 혹은 강아지를 키우는 일 등 가족이 함께 해야 하는 일이 생겼을 때 아이에게 의견을 먼저 물어봐야 한다. 아이에게 "너는 생각이 어떠니?", "시간이 있니?", "다른 계획이 있니?", "함께할 수 있니?", "친척집에 같이 갈 수 있는지?" 등 먼저 물어봐야 한다. 부모가 일을 결정하고 나서 결과만 말하는 것이 아니라 아이를 하나의 인격체로 인정하고 존중하고 있다는 것으로 의견을 물어야 주어야 한다.

간혹 어떤 부모는 아이를 부모의 소유물로 생각하여 부모가 다 결정한 후 따르도록 강요한다. 아이가 커 갈수록 독립성이 강해지면서 부모를 따르지 않으려고 할 때 아이를 혼내거나 때리는 부모도 있다. 폭력적인 부모에게서 자란 아이는 건강한 아이로 성장하기는 힘들다. 때로는 학대로도 이어지고 그 아이가 자라 다시 학대하는 일이 대물림되는 경우가 많다. 혹은 학교폭력 가해자가 되거나 성인이 되어 범죄자가 되는 경우도 많다는 것이다.

아이도 한 인격체로서 생각이 있고 행동할 수 있는 존재다. 그 존재 자체를 인정해야 하는 것은 존중이다. 시대가 많이 변해서 아동의 인권을 중요시하게 생각하는 시대인 만큼 부모가 아이를 존중하는 첫걸음은 아이의 생각을 물어보고 들어주는 것부터 시작하면 된다.

특히 부모가 아이를 동반자적 입장으로 바라본다면 아이의 생각을 자주 물어봐야 한다. 우리가 흔히 동업자에게 무언가를 물어보고 함께 의논해서 일을 해나가는 것처럼 말이다. 부모와 아이 간의 일상에서 아이의 생각이나 느낌을 물어본다면 아이는 자신이 존중받고 있음을 느끼며 자라게 된다. 아이는 스스로 자신의 존재 가치에 대해 높이 생각하게 되면서 자존감 높은 아이로 성장해나간다. 자존감이 높은 아이는 성인으로서 독립성을 갖춰나간다. 이처럼 부모가 어떤 말이나 행동을 하기 전에 먼저 아이에게 생각을 물어보는 것은 너무도 중요하고 자신의 자녀가 자존감 높은 아이로 성장해나가도록 도와주는 지름길이다.

긍정적인 언어는
아이들의 자존감을 키운다

해님과 바람이 자신이 더 힘이 세다고 자랑을 한다.

바람은 "나는 모든 것을 한순간에 확 뒤엎을 수도 있고

보기 싫은 것을 다 날려버릴 수 있는 힘이 있지."라고

거드름 피우며 말을 한다.

해님과 바람은 지나가는 나그네의 외투를 누가 벗기느냐 내기를 한다.

바람은 온 힘을 모아 입김을 불어댔다.

나뭇가지가 흔들리고 온갖 물건들이 날아다니기 시작했다.

나그네는 외투를 붙잡고 몸을 한껏 웅크리며 바람을 피하고 있다.

결국 바람은 지쳐 고개를 절래절래 흔들었다.

이번에는 해님이 얼굴을 비치기 시작했다. 세상이 온기로 가득해졌다.
온기는 더위로 바뀌면서 사람들이 더워하며 옷을 벗기 시작했다.
지나가던 나그네의 외투를 벗기기 시작했다. 내기는 해님이 이겼다.
– 이솝우화 〈해님과 바람〉 –

아이는 태어나면서 험하고 힘든 세상을 만난다. 그곳에서 배우고 경쟁
하고 변화하느라 어려움을 겪는다. 그리고 열정을 가지고 다시 도전하고
실패하기도 한다. 이렇듯 쉽지 않은 세상을 사는 아이에게 어떤 부모는
세찬 바람이 된다. 아이를 움츠리게 하고 좌절, 실패감을 주는 부모가 있
다. 또 어떤 부모는 아이에게 울타리가 되어준다. 따뜻함을 가진 햇살처
럼 아이를 비추어 주는 부모도 있다. 세찬 바람을 만난 아이와 따뜻한 해
님을 만난 아이의 삶을 다를 수밖에 없다.

우리 가족은 말레이시아로 여행을 갔다. 여행을 하던 중에 한국 대 이
란 축구 국가대표 경기가 그곳에서 있었다. 숙소에서 가까운 곳이기도
해서 옵션비를 추가하고 국가대표 축구경기를 보러 갔다. 관중이 엄청
많았다. 대부분이 현지인이고 우리는 한국 팬들이 있는 쪽에 자리를 잡
고 앉았다. 2002년 이후 붉은 악마들의 응원은 대단했다. 우리도 붉은악

마가 되어 응원전을 하며 함께 즐기며 신나게 축구를 봤다.

제주도에서 사는 우리가 국가대표 경기를 보는 것은 흔한 일은 아니다. 특히 내가 좋아하는 박지성 선수의 경기를 볼 수 있어서 기분이 더욱 좋고 들떴다. 전반전 경기가 끝나고 쉬는 시간이 되었다. 남편이 화장실을 다녀오겠다고 했다. 남편이 나가자마자 다섯 살 아들이 일어났다. "엄마, 나도 쉬~~"라고 말했다. 나는 남편의 등 뒤에 대고 "아들도 같이 데려가요."라고 말하면서 아들을 뒤따라 보냈다.

얼마 지나지 않아 남편이 돌아왔다. 그런데 아들이 같이 오지 않았다. 나는 깜짝 놀라며 "아들은?"이라고 물었다. 남편은 무슨 말이냐는 표정을 지으며 "어디 갔는데?"라고 말했다. 나는 "당신 따라서 화장실 갔잖아?"라고 말했다. 남편은 "무슨 소리야? 나는 몰랐어."라고 대답했다. 순간 우리 부부는 사색이 되며 화장실로 부리나케 달려갔다.

얼마 안 되는 거리가 나에게는 수천 킬로나 되는 듯 멀게만 느껴졌다. 화장실로 가는 통로에는 현지인들이 엄청 많았다. 왔다 갔다 하는 관중들로 정신이 하나도 없었다. 아들을 제대로 안 챙긴 남편이 원망스러웠다. 같이 따라 나서지 않은 내가 한심스러웠다. 나는 '아이를 잃어버리는 건 아닐까?', '아이가 길을 헤매고 있으면 어쩌지?' 두려움과 걱정으로 제정신이 아니었다.

멀리 화장실 앞에 서 있는 아들이 눈에 들어왔다. 나는 달려가서 아들을 와락 안았다. 그리고는 "괜찮아, 괜찮아, 엄마가 왔어~", "우리가 늦게 와서 미안해."라고 말했다. 남편도 안심이 되는지 아들을 번쩍 안아서 자리로 돌아왔다. 아이에게 물어봤다. 아이는 아빠를 따라서 화장실을 갔다. 볼일을 보고 나와 보니 아빠가 없었다는 것이다. 그냥 아빠가 나타나기를 기다렸다고 한다. 얼마나 다행인지 모른다. 하지만 나는 아들에게 트라우마가 생길까 봐 걱정이 됐다.

만약에 아들을 만났을때 내가 흥분하며 "너 어디 갔었어?", "이 바보야. 아빠를 잘 따라 가야지?"라며 아이의 행동에 대해 잘못했다고 말하고, "너 여기서 잃어버렸으면 국제 고아가 되는 거야."라고 고아가 된다는 두려움을 가지게 하는 말을 했다면 아이는 자기 행동에 대해 죄의식을 느끼고 두려운 생각에 빠지게 되면서 트라우마도 생길 수 있다.

이 트라우마로 인해 아이는 새로운 길을 갈 때마다 두려움이 생길 수도 있다. 내가 아들을 찾았을 때 "괜찮다."라고 말해주자 아이는 '나는 괜찮구나.', '이렇게 기다리면 괜찮은 거구나.'라고 생각하게 된다. 그리고 '부모가 늦게 와서 나를 기다리게 한 거구나.'라는 생각이 들었을 것이다. 아이는 자신의 잘못한 것이 아님을 생각하게 된다. 그러면서 아이는 그날 일을 대수롭지 않게 여기고 넘어갈 수 있게 되었다.

우리나라 대학 입시를 준비하다 보면 수시입시에 대비해서 진로 체험을 다양하게 해야 한다. 학교나 지역 교육청에서 실시하는 다양한 프로그램도 있지만 결국 내신 성적이 좋은 아이들의 차지다. 그러다 보니 딸은 학교에 관심을 갖지 못했다. 대학 수시입시에 제출하는 생활기록부나 자기소개서는 마치 신화창조 수준이었다. 최근에 '정유라', '조국의 딸' 등이 이슈가 된 것처럼 잘사는 집 아이들이나 성적이 좋은 아이들의 전유물로 되는 경우가 많다. 정보가 부족한 학생이나 성적이 안좋은 학생, 또 그 부모들은 그들이 느끼는 입시에 대한 부담감은 너무 크다. 특히 제주도는 수도권에 비해 입시 정보가 부족한 건 사실이다. 그러다 보니 아이와 부모 모두 진학에 대해서 어려움을 느낀다.

딸이 고등학교 2학년이 되었다. 남들이 포기하는 수학은 1등급을 꾸준히 유지하고 있었다. 학교 생활에는 관심이 없고 다른 교과 성적은 점점 떨어지고 있었다. 그런 딸에게 용기를 주고 싶었다. 나는 딸이 흥미를 가지고 도전한다면 충분히 원하는 대학의 학과에 진학할 수 있다고 믿고 있다. 하지만 딸은 자신감이 점점 떨어지고 있었다.

딸의 열정을 도울 방법을 찾던 중 서울 한국방송예술원에서 고등학생들을 대상으로 하는 진로 특강이 있었다. 나는 딸에게 관련 정보 링크를 카톡에다 보냈다. 그리고 "좋은 체험이 있네, 관심이 있는지 살펴볼래?"라고 남겼다. 조금 있다가 딸이 "재미있겠네. 그런데 서울이잖아."라고 올라왔다. 나는 "네가 하고 싶다면 방법을 알아보자. 신청할게~"라고 글을 남겼다. 나와 딸이 같이 가기로 결정하고 체험비를 내고 비행기 표 예매를 했다.

딸이 진로 체험을 가야 하는 날에 갑자기 급한 일이 생겨서 서울에 함께 갈 수가 없었다. 나는 딸에게 "엄마랑 아빠가 바쁜 일정이 생겨서 같이 갈 수가 없어. 어떻게 하면 좋을까?"라고 물었다. 딸은 "제가 혼자 갔다 올게요."라고 말했다. 나는 "그래, 혼자 갔다 올 수 있다고?"라고 물었다. 그리고 "엄마는 너무 걱정 되는데."라고 말했다.

딸은 "평소 엄마랑 서울 가본 적도 있고 지하철을 타보기도 했잖아."라고 아주 적극적으로 말했다. 그래도 걱정이 된다고 하자 딸은 "엄마, 걱정 마세요. 요즘 스마트 폰이 있잖아요. 찾아보면서 갈 수 있어요. 그리고 궁금하거나 어려운 점이 생기면 엄마한테 바로 전화할게."라고 말했다. 나는 조금 고민한 후에 "알았다. 네가 자신 있다니 믿을게."라고 말했다.

딸은 혼자서 제주에서 서울 가는 비행기를 탔다. 지하철을 이용하여 진로 체험하는 곳까지 잘 도착했다. 가는 동안 엄마가 걱정할까 봐 카톡으로 내용을 보내줬다. 나는 일하면서 카톡을 보니 안심이 되었다. 딸은 진로 체험을 잘 끝내고서는 일찌감치 김포공항으로 와서 제주까지 무사히 돌아왔다. 혼자 잘 다녀온 딸이 너무 대견스러웠다. 그리고 중간중간 소식을 잘 보내줘서 너무 안심이 됐다. 딸을 문제를 잘 해결해갈 수 있는 아이로 잘 키운 것 같다는 생각에 나는 뿌듯하고 기뻤다.

부모가 함께 가지 못하는 상황이 생겼을 때, 아이에게 "엄마가 바쁜 일이 생겨서 같이 갈 수가 없다. 취소를 하자."라고 말했다면 진로 체험을 가는 것에 관심을 끄고 부모에게 실망감이 컸을 것이다. 그리고 좌절감에 더 아무것도 도전하려 하지 않는 아이로 불행하게 성장했을 것이다. 하지만 나는 아이에게 의논했고 아이가 해보겠다는 말에 긍정적으로 대답하며 아이를 믿어 주었다. 또한 아이에게 문제 상황을 이야기하고 아이의 생각을 물었다. 딸은 적극적으로 어떻게 해결할지에 대한 방안을 냈다. 그리고 혼자 서울을 가보겠다는 용기를 내게 되고 자신의 일에 관심을 가지게 됐다. 딸은 스스로 문제 해결을 해보는 경험을 통해 자신감과 성취감을 느꼈다. 부모가 아이를 그대로 인정해주고 생각을 존중해주는 긍정적인 말을 함으로써 아이는 스스로 존재감을 키우며 성장하게 되었다.

06
—

화를 내고 다그치면
아이는 반항심이 생긴다

한참 일을 하고 있는데 딸에게서 전화가 왔다. 오늘 문구사를 가야 한다는 것이다 언제쯤 집에 오냐고 물었다. 엄마는 6시쯤 퇴근 한다고 말했다. 그리고 슈퍼에 들러서 장을 보고 가다 보면 7시쯤 집에 도착한다고 말했다. 딸은 오늘 학교에서 생일 초대 카드를 받았다고 자랑하면서 친구 생일 선물을 사러 이마트에 가야 한다고 했다.

나는 학교 앞 문구사로 가도 된다고 말했다. 친구 생일이 언제인지도 물어봤다. 그 주 토요일이라고 대답했다. 딸에게 아직 시간 있으니 주중에 빨리 퇴근하는 날에 문구사를 가자고 약속을 했다.

그날 집에서 저녁 준비를 하고 있는데 딸이 옆에서 계속해서 말을 했다. 그 주 토요일에 수업을 마치고 자기 집으로 1시까지 오라고 했다는 초대장도 보여줬다. 선물을 빨리 사야 한다고 여러 번 말했다. 나는 조만간 가자고 말을 했다. 초등학교 1학년이 돼서 친구의 생일 생일파티 초대를 처음 받은 것이라서 기분이 좋아 보였다.

딸과의 약속을 위해 나는 금요일에 1시간 조퇴를 받고 집으로 왔다. 아이에게 전화를 해서 아파트 입구로 내려오면 엄마차를 타고 문구사에 가자고 했다. 딸은 신나서 얼른 내려왔다. 학교 앞 문구사로 갔다. 문구사로 들어가니 아이는 무척 신나했다. 이것저것 구경도 하고 무엇을 살지 어떤 것을 고를지 살폈다. 한참만에 비즈 만들기 놀잇감을 가지고 왔다. 그런데 똑같은 것을 2개를 골라왔다.

나는 딸에게 "비즈 만들기가 두 개네. 맞아?"라고 말했다. 딸은 "응."이라고 대답했다. 나는 "두 개 다 친구에게 줄 거니?"라고 물었다. 딸은 "하나는 친구 주고 하나는 내 꺼야."라고 대답했다. 딸은 비즈놀이를 좋아한다. 그래서 친구선물 말고도 하나를 더 골라서 온 것이다. 집에 비즈놀이가 세 개가 더 있다.

나는 "다시 한 번 생각해봐."라고 말했다. 아이는 그냥 서 있었다. 나는 "네 거 사려고 온 것이 아니잖아?"라고 말했다. 아이는 "나도 갖고 싶어."라고 말했다. 나는 "가지고 싶다고 다 가질 수 있는 거 아니야."라고 말했다. 딸은 "왜, 나는 안 사주는 거야?"라고 대답했다. 나는 "집에 비즈 만들기 있잖아."라고 말했다. 딸은 대답은 않고 비즈 만들기를 두 개를 들고 계속 서 있었다.

나는 화가 올라왔다. "또, 고집을 부릴래. 엄마는 하나만 계산할 거야." 딸은 울상을 지으면서도 두 개를 고집했다. 결국 나는 "선택해. 친구 선물 하나만 계산하고 갈 것인지. 아니면 친구 선물도 안 사고 그냥 나갈 것인지." 목소리에 힘을 주어 말했다. 결국 딸은 하나를 내려놓았다. 하지만 씩씩거리면서 문구점 밖으로 나가버리는 것이다. 나는 "기다려."라고 말했다. 아이는 대답도 않고 그대로 집으로 걸어가버렸다.

나는 아이가 집에도 있는 물건을 자꾸 사려고 하는 것이 싫다. 내가 싫어하는 행동을 아이가 하자 화가 올라왔다. 그런데 왜 싫은 것일까? 한번 생각해보면 아이가 낭비하고 욕심을 부린다는 생각이 들었다. 더 깊이 생각해본다면 나는 아이가 절약했으면 했던 것이고 아이가 자기 절제력이 있었으면 하는 바람이 있었다. 이번에 절약을 하면 또 다른 필요한 것들을 살 수 있다는 것을 알려주고 싶었다.

나의 이런 마음을 아이에게 제대로 전달하지도 못했다. 대부분의 엄마는 자신도 모르게 엄마의 감정을 실은 채로 말을 하게 된다. 아이가 당장은 엄마 말을 듣는 것처럼 행동할 수도 있다. 엄마의 감정이 그대로인 말을 들은 아이는 오히려 반항심이 쌓이게 된다. 그러면서 엄마의 뜻과는 다른 행동을 하게 된다.

엄마가 화를 내며 말하는 바람에 아이에게 아무런 도움을 주지도 못했고 어떤 것도 가르치거나 알려주지 못한다. 오히려 아이의 반항심을 불러일으켜 아이가 문구점 밖으로 나가버리는 반항적인 행동을 하게 되는 것이다. 부모의 말에 따라 아이의 생각이나 느낌, 행동은 달라질 수 있다는 것을 알아야 한다.

아들이 초등학생이 되었다. 내가 일을 하기 때문에 하교 후 아들을 돌봐줄 수 없었다. 학교가 끝나면 미술과 태권도 학원 두 곳에 간다. 학원이 끝나면 학원 셔틀버스로 집까지 태워다줬다. 아들은 오후 5시 30분쯤이 돼야 집에 도착했다. 나는 항상 그 시간쯤 집으로 전화를 했다. 아들이 전화를 잘 받으면 안심이 됐다. 회사에서 일처리를 마무리 하고 집으로 왔다.

일을 마치고 집으로 돌아오면 저녁 준비를 하면서 아들에게 물었다. "오늘 받아쓰기 몇 점이니?"라고 말했다. 아들은 "두 개 틀렸어요."라고 대답했다. 이번에는 "받아쓰기 한 거랑 알림장 가지고 올래? 엄마 싸인 해야지?"라고 말했다. 초등학교 1학년일 때는 받아쓰기랑 알림장에 부모가 사인을 하도록 돼 있다. 아들은 방으로 들어가서 다시 나왔다. "엄마, 가방이 없어."라고 말했다.

나는 놀라서 "가방이 왜 없어. 잘 찾아봐."라고 말했다. 아들은 마루 소파를 살피기도 하고 신발장이랑 현관 입구에도 가서 찾아봤다. 그런데 "정말 가방이 없어."라고 말했다. 나는 "장난하지 말고. 다시 잘 찾아봐."라고 말했다. 한참을 찾아도 없어서 나는 아들 방, 침대 위와 밑에, 현관, 소파 위 등을 전부 다 찾아봤다.

가방의 흔적을 찾을 수가 없었다. 나는 아들에게 "학원에 두고 온 거 아니니? 학원선생님께 전화해봐야겠다."라고 말했다. 전화기를 찾으러 갔다. 방에 있던 아들이 다급한 목소리로 "엄마, 실은 나 오늘 학원 안 갔어."라고 말했다. 나는 더욱 놀랐다. "무슨 말이야. 왜 학원을 안 갔어?"라고 목소리를 높였다.

아들은 입을 꼭 다물고 서 있기만 했다. 나는 화가 났다. "너 왜 말 못해. 엄마 화 났어. 학원도 안 가고 어떻게 된 거야? 엄마한테 말도 안 하고."라며 큰 소리를 쳤다. 그러자 아들은 "나는 왜 맨날 친구들이랑 놀 수 없어? 엄마는 나빠, 친구들이랑 놀지도 못하게 하고."라고 말하며 엉엉 울었다. 나는 "어디서 잘했다고 우는 거야. 꼴 보기 싫어."라고 말했다. 아들은 문을 닫으며 방으로 들어가 버렸다.

나는 아이의 가방을 찾다가 아이가 학원을 가지 않은 사실을 알게 되서 화가 났다. 하지만 이내 곰곰이 생각을 해봤다. 아이가 왜 학원을 안

간 것이지? 아이가 가방을 잊어버릴 정도로 무슨 일은 있었던 건 아닌지? 나는 궁금하고 걱정스러웠다. 그렇지만 내가 먼저 화를 낸 것 때문에 아이도 반항심에 문을 닫고 들어가버렸다.

아이가 방으로 들어가버리자 나는 더 이상 아이에게 어떤 일인지 물어볼 수가 없게 됐다. 나는 학원으로 전화했다. 학원 선생님과 통화를 했다. 아들은 오늘 학원에 가지 않았다. 그리고 지난주에도 이런 일이 있었다는 것이다. 부모님께 연락을 하려고 하던 참이었다는 것이다. 선생님의 말을 듣고 나니 더 속상한 마음이었다. 하지만 심호흡을 하며 마음을 가라앉히고 저녁 준비를 끝냈다.

그리고 아들을 불렀다. 오늘 일에 대해 얘기를 하자고 했다. 둘은 식탁에 앉아 얘기를 시작했다. 나는 "학원을 안 간 이유가 있니?"라고 물었다. 아들은 "놀고 싶어서."라고 대답했다. 나는 "놀고 싶었구나?"라고 말했다. 아들은 "친구들은 학교 끝나면 걸어서 집에 간단 말이야. 친구랑 걸어가고 싶었어."라고 대답했다.

엄마는 "친구랑 걸어왔구나."라고 말했다. 아들은 "네. 맞아요. 친구랑 걸어서 왔어요."라고 대답했다. 나는 "집으로 바로 온 거니? 혹시 중간에 어디 들린 데는 없니?"라고 물었다. 아들은 한참 생각하더니 "맞다. 마트 앞 큰 놀이터에서 놀다 왔어요."라고 대답했다. 나는 "놀이터에서 누구랑 놀았니?"라고 물었다.

아들은 "친구는 자기 집에 가고, 나 혼자 놀다 왔어요."라고 대답했다.
나는 순간 걱정이 됐다. "혼자서만 계속 놀았니?"라고 물었다. 아들은
"놀고 있으니까, 다른 친구들이 왔어. 그 친구들이랑 잡기 놀이를 했어.
엄청 재미있었어."라고 대답했다. 나는 "재밌게 놀다 보니 거기에 가방을
놓고 왔을 수도 있겠다. 엄마랑 가볼까?" 하고 말했다. 나와 아들은 마트
앞 놀이터로 갔다. 놀이터에 가방이 그대로 있었다.

부모들 대부분은 부모와 아이 사이에서 문제점이 생기면 아이 탓만 하
며 화를 내고 큰소리로 다그친다. 그러면 아이는 강압에 못 이겨 일시적
으로 부모 말을 따르기도 한다. 이때 부모는 자신이 아이를 가르치고 배
움을 줬다고 착각한다. 하지만 아이의 마음은 진정으로 부모를 받아들인
것이 아니다. 아이 마음속에는 반항심을 심어주게 된다.

그리고 부모는 자신은 화를 내고 짜증을 내면서도 아이는 참기를 바란
다. 인내는 좋은 성품이라고 배우며 자라야 한다고 가르친다. 부모가 화
를 내면 아이는 부모의 사랑을 느낄 수도 없게 된다. 그리고 아이 자신에
대한 믿음이 사라져 자신감이 떨어진다. 부모의 사랑을 받지 못해 마음
속에 반항심이 가득 찬 아이는 부모로부터 멀리 숨거나 부모나 사람들에
게 반항하며 대들게 되는 경우를 많이 봤다. 그러면 부모는 그 아이를 문
제아로 취급하기도 한다. 부모는 자식 키우는 것에 더욱 속상함을 느끼

게 되고 아이는 자신의 행동이 도덕적이지 못한 나쁜 아이라고 스스로를 자책하게 된다. 그러니 부모가 화내지 않고 짜증내지 않으며 아이를 대하는 것은 아이가 스스로 자존감을 키우는 데 매우 중요하다는 것을 기억해야 한다.

07
—

무조건 못하게 하는 것이
정답은 아니다

어린이집에 있다 보면 문제행동을 보이는 아이들이 종종 있다. 그중 아이가 자신의 생식기를 만지거나 성행동을 보이는 아이들이 있다. 유아기의 아이들의 이런 행동을 성인의 시각으로 바라봐서는 안 된다. 아이들의 이런 행동은 호기심으로 하는 행동이기도 하다. 또는 감각을 자극하는 놀이고 자신의 불안한 마음을 진정시켜주려는 목적이 있다.

5세 산들반 낮잠 시간이다. 잠을 자기 위해 아이들은 자기 자리에 누웠다. 교사는 낮잠 분위기 조성을 위해 햇볕을 가려주고 자장가 음악을 틀어준다. 한 아이는 잠들지 못하고 몸을 뒤척이고 꿈틀거렸다. 교사는 무슨 일이 있나 해서 아이에게 다가갔다. 엎드려 누워서 자신의 성기를 만지작거리고 있었다.

교사는 별일 아닌 듯이 자연스럽게 지나가다가 아이 옆에 다가갔다. 교사는 "엎드려 자면 숨이 막힐 수 있으니 하늘 보고 잠을 잘까?"라고 말했다. 아이는 얼른 손을 빼고는 바르게 위를 보고 누웠다. 그러나 조금 시간이 지나자 아이는 다시 엎드려 있었다. 교사는 아이에게 다가가서 "잠이 안 오는가 보구나. 손으로 자꾸 고추를 만지면 손에 묻은 벌레가 몸 안으로 들어 갈 수 있거든."이라고 설명을 해주었다.

아이는 손을 빼고 다시 바로 누웠다. 교사는 아이에게 "손을 깨끗이 씻고 오면 선생님이 토닥여줄게."라고 말했다. 아이는 손을 씻고 와 다시 누웠다. 교사는 아이 옆에서 토닥여주었다. 이번에는 아이는 금방 잠이 들었다. 나는 교사에게 아이에게 자연스럽게 말한 것과 생각을 전환해주는 손 씻기를 지시한 것은 좋은 행동 교정 방법이라고 칭찬했다. 우선 며칠 더 아이를 지켜보기로 했다.

며칠 후 아이 엄마와 통화하며 상담했다. 아이가 생식기를 만지는 행동에 대해서는 아이 엄마도 알고 있었다. 집에서는 하지 않는 행동이며 전에 다니던 어린이집에서도 그런 일이 종종 있었다고 한다. 그래서 엄마는 걱정되어 아이에게 "고추를 자꾸 만지지 말라."라는 말을 자주 했다고 했다. 아이가 이런 행동을 계속한다고 하니 걱정된다고 하셨다.

엄마와 상담하며 아이가 집에서도 그런 행동을 보이는지, 아이가 집에서의 생활은 어떤지 두루두루 얘기를 나눴다. 엄마와 아빠 둘이 모두 직장을 다니다 보니 작년까지는 아이를 할머니께서 돌봤다고 했다. 어린이집에 갔다가 저녁 때는 할머니 댁으로 간 다음 엄마 아빠가 올 때까지 할머니가 돌봐주셨다. 아이 엄마는 할머니 집에서 텔레비전을 많이 보게 되어서 할머니 양육이 맘에 안 들었다고 했다.

그래서 이번에는 엄마 직장과 가까운 우리 어린이집으로 옮기게 된 것이다. 엄마는 고향이 서울이고 제주도에 직장을 다니게 돼서 여기서 살게 되었고 제주도가 고향인 남편을 만났다고 한다. 아이를 낳고 보니 시댁은 불편하고 마음 편히 도움 받을 곳도 없어 늘 외롭고 힘들다고 하셨다. 멀리 떨어져 있는 친정 부모님이 그립다고 말했다.

아이 엄마는 외로움과 그리움을 아이에게 집중하는 것으로 해소하는 거 같았다. 그래서 아이의 행동 하나하나를 민감하게 받아들였다. 아이가 불편하거나 어려워하는 것을 바로바로 해결해주셨다. 아이는 잘 자라주고 있지만 성장해갈수록 엄마의 민감함에 영향을 받고 있는 것이다. 모든 것을 해결해주는 엄마와 지낼 때는 안정감을 느낀다. 하지만 새로운 곳에 가거나 또래 친구들을 만나거나 할 때는 아이는 불안하고 긴장하게 되는 것이다. 엄마에게 이런 점을 충분히 설명해 드렸다.

엄마에게 "아이는 지금 새로운 어린이집, 새로운 친구들이 있는 새로운 환경이라서 불안하고 어색하고 긴장할 수 있다."라고 말했다. 그리고 아이의 이런 행동은 자연스러운 일임을 알려드렸다. 아이가 친구들과 놀이할 때는 집중하느라 자신의 불안한 마음을 못 느끼고 있다가 잠을 자려고 자리에 누우니 불안하고 어색한 마음이 드는 것이다.

이때 아이는 불안한 마음을 진정시키기 위해 자기 신체를 만지면서 안정감을 느끼는 것이라고 설명해드렸다. 아이가 안정감을 줄 수 있는 애착인형이나 애착물건이 있다면 어린이집으로 보내달라고 했다. 잠을 잘 때 애착물건을 두고 자면 마음이 안정되어 훨씬 달라질 수 있다고 말씀드렸다.

아이 엄마는 집에서는 아이의 성기 만지는 행동에 관해 일부러 말을 꺼내는 일은 해서는 안된다는 당부를 드렸다. 엄마가 아이를 가르치기 위해 일부러 어린이집에서의 만지는 행동에 대해 자꾸 말을 꺼낸다면 아이는 그 행동에 관심을 가지게 되고 민감하게 느끼게 되고 고착화가 될 수도 있기 때문이다. 더군다나 엄마가 그 행동이 나쁜 행동이라고 말한다면 아이는 오히려 자신의 행동에 수치심을 느낄 수도 있다. 그리고 하지 못하도록 강요하게 된다면 아이는 실패감과 좌절감을 느끼게 된다. 그러면 아이의 행동 지도에 더욱 어려움이 생길 수 있기 때문이다.

고등학생 아들이 충북에 소재해 있는 기숙사가 있는 학교에 다녔다. 이 학교는 입학 전 사전 안내를 통해 교내 핸드폰 사용 금지 사항에 대해 알리고 서약서를 제출해야 입학이 가능했다. 아들도 핸드폰 금지에 대한 서약을 했다. 학기가 시작될 때마다 기숙사로 입소하는 첫날 핸드폰을 생활관 선생님께 맡겨 보관한다. 그리고 외출을 하거나 외박을 할 때 핸드폰을 받고 나올 수 있는 시스템으로 운영됐다.

11월 어느 날 밤 생활관 선생님으로부터 전화 한 통을 받았다. 아들이 야간 자율학습 시간에 핸드폰을 몰래 사용하다가 점검 선생님께 걸렸다는 것이다. 이 일로 지금 아들은 확인서를 썼고 내일은 학교로 전달된다는 것이다. 그리고 며칠 있으면 학교에서 자치위원회가 열리게 되고 아이는 벌칙이 있을 거라는 것이다. 미리 부모님께 알리는 차원에서 전화를 주신 거라고 했다.

나는 걱정이 되었다. 늦은 시간이지만 생활관 선생님께 전화를 부탁했다. 거의 밤 12시가 다 되어서야 아들에게서 수신자 부담 전화가 왔다. 나는 아들에게 "어떻게 된 일이니?"라고 물었다. 아들은 처음에는 "모르겠어."라고 대답했다. 나는 "핸드폰을 어떻게 하다가 사용한 거니?"라고 물었다. 아들은 "며칠 전 다른 아이들도 사용했어요. 그래도 되는 줄 알았어요."라고 대답했다. 나는 "너만 걸려서 조금 억울하구나."라고 말했다.

아들은 "몰라, 뭐에 홀린 거 같애. 필요한 게 있어서 주문하고 싶었어. 그런데 지금 컴퓨터를 쓸 수도 없고 답답했어.", "생활관 선생님은 무조건 안 된다고만 하니 화 나고 답답했어."라고 말했다. 나는 "그렇구나. 답답했겠네."라고 말했다. "엄마한테 미안하기는 한데. 내가 한 행동에 대해서는 책임질게. 그리고 내가 벌칙을 감수하고 받을게요."라고 말했다.

엄마는 "네가 잘못한 것을 인정하고 책임진다고 하니 알았다. 앞으로는 무슨 일을 할 때는 생각을 조금 더 했으면 해."라고 말했다. "엄마가 도와줄게 있니?"라고 물었다. 아들은 "아니, 엄마 괜찮아."라고 말을 했다. 아들은 "엄마한테 실망시켜서 미안해. 앞으로는 정말 잘할게. 그리고 핸드폰도 잘 참아볼게."라고 말했다.

학교마다 교칙이 있다. 학생들에게는 성적과 입시만을 강요하고 그것이 학교의 책임과 역할을 다하는 것이라고 한다. 사춘기 아이들의 특성을 무시한 교칙들도 많다. 한참 호르몬의 영향으로 감성과 개성이 폭발하는 시기이다. 이때 무늬도 색깔도 똑같은 교복, 두발 규정으로 아이들을 옭아맨다. 그러니 교복 치마를 줄이고 바짓단을 줄여서 입고 다니면서라도 자신들의 개성을 발산하고 있다. 그러나 학교는 이런 부분을 단속하고 적발한다. 그리고는 수행평가 점수를 깎는 방식으로 아이들을 지도한다.

아이들에게 무조건 안 된다고 하면 아이들은 어떻게든 방법을 찾아낸다. 학교의 교칙과 방침이 있겠지만 사춘기 아이들의 특성을 이해한다면 조금의 여지는 두어야 한다. 한 달에 몇 번 또는 학기 중에 몇 번 정도를 정해서 자율복을 입고 등교 할 수 있도록 하든지, 기숙사 학교 학생들인 경우는 핸드폰을 토요일 오후에는 쓸 수 있도록 했더라면 어땠을까? 하는 생각을 했다. 학생들을 무조건 하지 못하게 금지할 것이 아니라 학생들과 대화하고 제안하고 타협하는 경험을 통해 학생들을 성장시켜야 한다.

부모들은 아이들에게 아이의 기분이나 감정, 의견은 인정하지 않고 아이에게 명령, 억압하면서 어떤 말이나 행동을 무조건 못하게 하는 것이 경우가 많다. 당장은 아이가 부모의 요구를 따르는 행동을 하게 된다. 하지만 진정으로 아이가 부모의 말을 이해해서 하는 행동은 아니다. 그럼에도 부모들은 그런 사실을 전혀 모른다. 아이가 그 행동을 하지 않게 되면 부모가 아이를 잘 가르쳤다는 착각을 한다.

아이는 마음에 불평불만이 쌓이고 실패, 좌절감 등의 부정적인 감정이 쌓이게 된다. 또 아이는 불평하면서 어떤 일을 책임지지 않으려고 하는 모습을 보일 때도 있다. 그러기 때문에 부모들은 아이에게 무조건 못하게 할 것이 아니라 아이들이 스스로 조절하고 절제해나가도록 생각하고 행동할 수 있도록 도와주어야 한다. 아울러 무조건 못하게 하는 것이 아니라 대화와 타협을 통해 조금씩 양보하고 이해하면서 살아가는 방법을 알려줄 수 있어야 한다.

08

아이와 똑같이 화를 내는 것은
어리석은 행동이다

정보통신 기술의 발달과 인터넷의 보급으로 우리의 삶은 상상을 초월하고 있다. 빠르게 삶의 변화를 느끼며 살아가고 있다. 특히 스마트 폰은 삶에 미치는 영향력과 파급력이 대단하다. 스마트 폰은 우리 삶에서 기본으로 생각했던 의식주만큼이나 현대인들의 삶속에 깊이 영향을 미치고 있다. 주변을 살펴보면 사회, 과학, 교육, 의료, 문화 등 다양한 분야에 깊숙이 파고들어가 있어 거의 생활 필수품이 되어버린 상태다.

최근 코로나 시대를 겪으면서 비대면 ZOOM교육, 무인 사업, 공유 사업, 코로나 안전생활 등 정보통신 기술에 급격한 투자가 이루어지고 있다. 덕분에 우리는 발전 속도가 10년 이상이나 앞당겨진 초고속정보통신 사회로 진입했다. 급변하는 사회 속에 우리 아이들은 컴퓨터, 인터넷, 스마트 폰을 그대로 활용할 수밖에 없는 현실이다.

정보통신의 발달로 인한 순기능이 있는 반면 스마트 폰으로 인한 중독과 채팅, 게임, 개인정보 유출, 스미싱, 사이버 폭력, 사이버 왕따 등과 같은 사회적 역기능들에 대해 염려되는 부분도 많다. 정보통신 기술이 사회적으로 많은 문제점들을 야기하고 있다는 점과 아이들에게도 많은 영향을 끼치고 있다는 것은 어른들이 눈여겨봐야 할 부분이다.

딸이 휴대폰을 밤새 사용하는 일로 부모와 갈등이 있었다. 딸에게 핸드폰을 압수하겠다고 하자 딸은 화를 내며 대들었다. 아빠는 더 화를 내게 되면서 결국 휴대폰을 부숴버렸다. 딸은 폰 없이 지내고 있는데 학교에서 선생님으로부터 전화가 왔다. 딸이 휴대폰을 제출하지 않아서 오늘 휴대폰 보관 검사에서 걸렸다는 것이다. 나는 딸과 아빠 사이에 있었던 일을 설명해드렸다. 그 일로 지금 딸은 휴대폰이 없는 상태라고 말했다. 휴대폰을 소지하고 있었다고 하니 이상하다고 생각했다.

부모가 생각지도 못한 일이 생겼다. 딸의 학교는 교내에서는 휴대폰 사용이 금지다. 반마다 휴대폰 보관가방에 자율적으로 제출하고 집에 갈 때 반납 받는 방법으로 관리되고 있다. 자율학습 시간에 휴대폰을 소지하고 있는 모습을 담임선생님이 보게 됐다. 선생님은 보관가방을 확인해 본 후 딸의 휴대폰이 제출되지 않았다는 것을 알게 됐다.

선생님은 딸을 불러서 자율학습 시간에 휴대폰을 사용하고 있는 사유와 미제출한 사유를 물어봤다. 딸은 자율학습 시간에 잠깐 꺼내서 쓴 것은 전화가 되지 않는 공기계라는 것이다. 휴대폰이 아니고 공기계라서 제출하지 않았다고 말했다. 선생님은 공기계라도 반납할 것을 지시하신 후에 부모에게 상담 전화를 하신 것이었다.

아빠와의 갈등으로 휴대폰이 없는 딸은 집에서 쓰던 공기계를 소지하고 다녔다. 공기계는 전화만 안 될 뿐 와이파이가 되는 곳이면 어디서나 카톡, SNS, 인터넷 사용이 가능했던 것이다. 나는 담임선생님과 통화하기 전까지만 해도 그런 사실을 몰랐다. 딸이 그런 행동까지 하리라고는 꿈에도 생각지 못하였다.

부모가 휴대폰으로 인한 갈등 상황에서 더 화를 내고 결국 휴대폰을 부숴버린 것은 어리석은 일이었다는 생각이 들었다. 부모는 아이와의 갈등은 휴대폰 때문이라고 생각했다. '휴대폰만 없으면 문제가 해결되겠지.'라고 생각했다. 하지만 화를 내고 핸드폰을 없애더라도 어떤 문제를 해결해주는 것은 아니었다. 오히려 새로운 문제와 상황이 만들어지고 있었다.

휴대폰은 이미 우리 생활에 너무도 깊숙이 영향을 미치고 있었다. 의식주만큼이나 필수 도구가 되어버렸다. 그리고 아이들은 핸드폰을 통해 자신을 표현했다. 핸드폰을 마치 자기 분신처럼 여기는 거였다. 그런 존재를 아빠가 부숴버렸으니 아마도 딸은 자신이 맞아서 부서져버렸다는 생각을 하게 된 것이다. 자신의 존재에 대해 위협을 느끼며 부모를 피하게 되었다.

이런 갈등 상황에서 아이와 똑같이 화를 내게 되면 아이와의 문제가 해결되지 않는다. 오히려 또 다른 문제를 일으키게 되고 갈등 상황은 깊어지게 된다. 얼마나 부모가 어리석은 행동을 했었는가를 알게 되었다. 아이와의 핸드폰 갈등에서 어떻게 현명하게 말했어야 하는지를 더욱 고민하게 되었다.

아들 학교의 운동회가 5월 1일에 있었다. 나는 근무를 해야 했고 남편은 근로자의 날이라서 휴무이다. 남편에게 아들의 행사에 참여해달라고 했다. 내가 휴가를 내지 않아도 되서 다행이었다. 남편은 아들 운동회 행사에 참여를 했고 점심은 집에서 자장면을 배달시켜서 먹였다. 그리고 아들은 다시 학교로 갔다.

아들은 2학년이라서 오전이면 운동회가 다 끝난다. 오후 3시쯤 내 핸드폰에 수신자부담 전화가 왔다. 아직 휴대폰이 없는 아들은 학교에서 수신자부담 전화기로 전화를 자주 했다. 나는 아들의 전화임을 알았다. 나는 "아직도 학교니?"라고 말했다. 아들은 "응, 학교야."라고 대답했다.

나는 "운동회 안 끝났어?"라고 말했다. 아들은 "점심 먹고 다시 학교 와서 친구들이랑 놀았어."라고 말했다. 나는 "알았어. 얼른 집에 가서 학원 가야지. 아빠는?" 하고 물었다. 아들은 "아빠는 집에 있을 거야."라고 대답했다. "엄마. 나 학원 안 가면 안 돼?"라고 물었다. 나는 "무슨 말이야. 너 지금도 실컷 놀았잖아."라고 말했다.

아들은 "난 왜 맨날 학원만 가야 해?"라고 하며 화를 냈다. 나도 화가 나서 "맨날은 무슨 맨날이야. 누가 보면 엄마가 공부만 하라고 하는 사람인줄 알겠네."라고 말했다. 아들은 "그만하라고."라고 대답했다. 나는 "이거 봐라. 도대체 누가 먼저 화를 낸 거니?"라고 말하는데 아이는 전화를 끊어버렸다.

오후 5시쯤 남편에게 전화를 했다. 아직 아들이 집에 돌아오지 않았다. 나는 남편에게도 화가 났다. "아이가 점심 먹고 나가서 안 들어오는데 걱정도 안 되냐?"면서 화를 냈다. 나는 아들의 학원으로 연락을 했다. 학원에도 오지 않았다는 것이다. 아들의 친구 엄마에게도 전화를 했다. 아들은 거기에도 없었다.

나는 걱정이 되고 불안했다. 그래서 직장에서 일을 다 마치지 못하고 조퇴를 하고 집으로 왔다. 오는 길에 학교 쪽을 살펴보며 왔다. 학교 운동장에는 아무도 없었다. 그리고 집 근처 놀이터도 살폈다. 저녁시간이라서 놀이터에는 아이들이 없고 텅 비어 있었다. 나는 안절부절 하며 집으로 왔다. 아들은 아직 아홉 살밖에 안 됐다. 너무 걱정되었다.

낮에 전화를 받으면서 아이가 화를 냈을 때 자신이 더 화를 낸 일이 후회가 되었다. 아이는 엄마에게 허락을 받고 더 놀아야겠다는 생각을 했을 것이다. 엄마에게 전화했는데 자신의 마음을 몰라줘서 화가 났다. 엄마가 더 화를 내자 아이는 더 화가 난 마음에 전화를 끊어버린 것이다. 나는 자신이 화를 더 낸 일에 대해 후회했다.

저녁 6시 30분쯤이 되자 아들이 집으로 왔다. 나는 낮에 화를 낸 일이 미안했다. 자연스럽게 아들에게 "왔어?"라고 말했다. 아들은 "네."라고 대답했다. 엄마는 "운동회 하느라 땀 많이 났지, 씻고 올래? 엄마는 저녁 준비할게."라고 말했다. 아들은 "네."라고 대답하면서 씻으러 갔다. 나는 부지런히 저녁 준비를 했다.

저녁을 먹으면서 오늘 일에 대해 물어봤다. 아들은 엄마랑 전화를 하고 나서 속상했다고 했다. 그냥 전화하지 말고 친구랑 놀 걸 하는 생각을 했다는 것이다. 6학년 형들이 마지막 계주까지 하는 경기를 다 보게 됐는데 너무 재미있었다. 그리고 운동회가 끝나자 형들과 누나들이 운동장 쓰레기를 주울 때 자기도 같이 청소도 했다. 행사가 끝나자 다들 집으로 갔는데 아들은 엄마와의 일로 집에 오기가 싫었다는 것이다. 그래서 학교 운동장에 있었다.

학교가 조용해지자 어디선가 비둘기들이 날아와서 아들은 그 비둘기를 쫓아다니면서 놀다 보니 늦게까지 놀게 되었다. 날이 어두워지자 갑자기 무섭다는 생각에 집으로 얼른 뛰어서 왔다는 것이다. 엄마는 "더 늦지 않게 집에 와서 다행이야. 낮에는 엄마가 화내서 미안해."라고 말했다. 아들도 "엄마, 나도 미안해. 비둘기 잡기 하면서 마음이 괜찮아졌어."

라고 말했다.

부모는 아이를 키우면서 선생님으로부터 전화를 받거나 아이가 말도 없이 늦게 들어오는 일을 종종 경험하게 된다. 그 일로 아이에게 화를 낼 것이 아니라 아이를 이해하려고 노력해야 한다. 그리고 아무 일 없었다는 듯이 자연스럽게 아이를 대해주어야 한다. 그러지 않고 아이에게 화를 내고 잘못을 따지려 들거나 부모가 더 화를 내면 아이와의 관계에 또 다른 어떤 문제나 갈등 상황이 생길 수 있다. 무난하게 지나갈 일이 더 커지고 해결하기 힘들어진다면 부모는 정말 어리석은 일을 저지른 것이다.

문제 없이 커주는 아이는 없다. 아이도 성장하는 동안 문제와 갈등을 대면하게 된다. 그 문제를 어떻게 경험하고 극복하느냐에 따라 아이의 성장은 달라진다. 부모와의 갈등상황도 나아지기도 하지만 더 깊어지기도 하여 다 달라진다. 아이가 문제에 당면했을 때 스스로가 문제를 인식하고 잘 극복해나갈 수 있도록 부모가 돕는다면 아이는 수월하게 문제를 극복하게 될 것이고 경험하고 깨닫게 될 것이다. 그런데 부모가 같이 화를 낸다면 문제 해결에는 도움이 되지 않을 뿐더러 더 어려운 상황에 놓이게 될 수도 있다. 이는 안타깝고 어리석은 일이다.

3 장

아이에게

화내고

다그치기

전에 먼저

알아야 할 것

아이는 부모에게
사랑받기 위해 태어났다

초록우산 어린이재단의 '품다' 캠페인 영상을 보게 되었다. 이제 막 태어난 조그만 아이들이 세상에 오자마자 부모들에게 버림받고 혼자가 됐다. 이 아이들은 센터에 맡겨지고 사랑받을 순서를 기다려야 한다. 우리나라의 무연고 아동의 숫자는 점점 더 많아지고 있다는 통계를 보면서 사랑받지 못하고 자라게 되는 이 아이들은 세상을 어떻게 살아가지? 세상을 살아갈 때, 자신을 보호해줄 어떤 울타리도 없다는 것은 정말 막막한 일이다. 비인간적이고 무책임한 부모가 많아지고 있다는 사실에 가슴이 쓰라렸다.

정말 아이는 사랑받기 위해 태어났을까? '당신은 사랑받기 위해 태어난 사람~'이라는 노래가 있다. 부모로서 나는 아이에게 어떤 사랑을 주었을까? 내 아이가 나에게 온 첫날을 기억해봤다. 울음을 한번 터트리고 너무 조용해서 나는 걱정이 되었다. 아이를 낳고 너무 힘든 상황이었지만 몸을 돌려 아이쪽을 바라보았다. 아이는 눈을 뜨고 이리저리 살펴보고 있었다. 힘들었던 것도 다 잊고 아이를 보며 눈물이 저절로 흐르던 감동적인 순간이 떠올랐다.

나는 남편 직장 때문에 임신한 상태에서 서울로 이사했다. 아기를 낳을 때가 되자 혼자 서울에서 애를 낳는 것이 걱정이 되었다. 몸조리도 겸해서 예정일보다 한 달 정도를 앞당겨 제주도 친정집으로 내려갔다. 예정일이 다가오자 진통이 시작되었고 병원으로 가면서 남편에게 전화를 했다. 남편은 바로 비행기를 타고 제주도 병원으로 왔다. 비행기 시간이 잘 맞아서 진통하는 동안 남편이 옆에 있어줄 수 있어서 든든했다.

첫날은 종일 진통을 해도 애를 못 낳았다. 이튿날 분만촉진제를 맞으며 아주 힘들게 아기를 낳았다. 아기는 한 번 울더니 조용했다. 의사선생님이 "공주님입니다."라고 말했다. 그러나 아기가 울지 않아서 걱정하며 "아기 손발 다 있어요?"라고 물었다. 의사는 "다 정상입니다."라고 대답했다. 나는 아이를 바라봤다. 아이는 눈을 뜨고 이리저리 살펴보고 있었다. 숨이 넘어갈 듯한 고통은 다 잊고 그저 아기만 눈에 들어왔다.

이후 남편은 3일 휴가를 받고 병원에 있는 동안 출산으로 지친 나를 대신해 아기를 돌봐주었다. 남편은 아기가 조그맣고 신기한지 아기 발을 자꾸 만지작거렸다. 그러다 아기가 조그마한 소리라도 내면 우유 먹이기, 물 먹이기, 기저귀 갈기 등 온갖 정성을 들였다. 제주도에서 몸조리를 마치고 서울로 돌아와서도 딸아이 목욕은 아빠가 퇴근해서 꼭 시켜주었다. 딸이 이때를 기억한다면 엄청 사랑받고 자랐다는 것을 느꼈을 것이다.

그런데 딸의 기억 속에는 '사랑의 매'가 있었다. 딸은 고집이 세고 자기 주장이 강한 아이였다. 그런 아이를 키우다 보니 우리는 훈육의 방법으로 회초리를 들었다. 튀김할 때 쓰는 기다란 나무 막대기가 우리 집의 '사랑의 매'였다. 나는 아이가 약속을 안 지키거나 거짓말을 하거나 숙제를 안 했을 때 아이에게 스스로의 잘못을 인정하는지 물어봤다. 그리고 나서 나는 아이에게 "몇 대 맞을 거야?"라고 물어봤다. 아이는 "두 대요."라고 대답했다.

나는 회초리를 드는 훈육방법도 좋다고 생각했던 적이 있다. 하지만 아이가 학교에 들어가고 학년이 올라갈수록 회초리의 강도를 높여야만 하는 일들이 생겼다. 나는 더 이상은 '회초리로 아이를 훈육하는 것은 정답이 아니다.'라는 생각을 했다. 다른 훈육방법을 찾기 시작했다. 부모가 아이를 인정하고 아이 입장을 생각해야 한다는 것을 뒤늦게 알게 되었다.

나는 아이를 잘 키우고 싶었고 무엇이든 가르쳐야 한다고 생각했었다.

그런데 그보다 먼저 아이를 사랑하고 있다는 것을 알려주어야 한다는 것을 깨달았다. 아이를 사랑은 하고 있지만 점점 더 사랑표현은 부족하고 가르치려고만 하다 보니 아이의 기억 속에는 '사랑의 매'가 있었다. 그것부터 지워주기 위해서 나는 더 많은 사랑을 표현하는 노력을 해야 한다는 것을 알게 되었다.

우리 집에는 포메라니안 강아지가 있다. 강아지 이름은 해피다. 해피를 데리고 오게 된 에피소드가 있다. 해피는 소통이 안 되던 우리 가족에게 소통을 되도록 해준 해피바이러스와 같은 존재다. 강아지 형제 중에 가장 작았던 강아지를 분양 받았다. 해피 눈빛이 '나를 꼭 데려가 달라'고 말하는 것 같았다. 너무도 작아서 병치레가 많을 거라고 걱정했지만 데려와 가족 모두의 사랑으로 키웠다.

올해 다섯 살인 해피는 교배하고 지난 봄에는 새끼 강아지를 낳았다. 자연분만 도중 위험한 상황이 와서 급히 동물병원에서 제왕절개 수술로 새끼를 낳았다. 덕분에 해피도 살리고 새끼도 살릴 수 있었다. 수술이 끝난 후 겨우 정신을 차린 해피는 새끼강아지를 품속에 넣고는 계속 핥아주며 온기를 주었다. 수시로 젖을 먹이고 안전하게 보호하기 위해 수시로 주변을 살피고 새끼의 뒤처리까지 도와주는 모습은 감동이었다.

해피는 딸의 침대에서 자는 것을 좋아한다. 새끼를 출산 후 딸 침대는 위험해서 마루에 푹신한 것을 깔고 새끼를 잘 키울 수 있도록 박스 집을 마련했다. 하루는 딸의 방문이 열려 있는 틈을 타 해피는 그곳으로 가고 싶었던 모양이다. 박스 집에 해피와 새끼가 없어져서 난리가 났다. 새끼가 구석에 끼인 것은 아닌지 찾는데 없었다.

문이 열려 있는 딸 방에 가봤다. 해피가 딸 침대 위에 새끼를 물어 올려 놓고는 새끼를 끼고 자고 있었다. 동물들도 이렇게 자기 새끼를 본능적으로 보호하고 안전하게 지키는 모습에 존경심이 들었다. 간혹 뉴스를 보면 동물보다 못한 부모에 대한 소식이 들린다. 아이를 낳아서 쓰레기봉투에 넣어서 버린다는 뉴스, 혹은 키우다가 힘들다고 길에 버리는 뉴스도 나왔다. 아니면 굶기고 때리고 줄로 묶어놓는 부모들의 이야기를 들을 때면 "짐승보다도 못한 놈들 같으니라고." 하며 욕을 한바탕 해주고 싶다.

해마다 어린이집에는 쌍둥이의 입학이 늘고 있다. 결혼 나이가 늦어지고 불임 부부가 많아지다 보니 불임시술을 받는 부부가 많아졌다. 그래서인지 예전에 비해 쌍둥이들이 해마다 어린이집에 입소하고 있다. 쌍둥이들이 보이는 특징이 하나 있다. 쌍둥이 중에 한 명이 울기 시작하면 다른 한 명이 같이 운다는 것이다. 그리고 쌍둥이들이 울음이 터지면 안아주고 달래줘도 쉽게 울음이 그치지를 않는다는 것이다.

왜 쌍둥이들은 오래도록 울음을 그치지 못할까? 어린이집 원장으로서 궁금했다. 생각해보면 쌍둥이들은 엄마 뱃속에서부터 부모의 사랑을 반으로 나누고 있다. 그때부터 서로가 경쟁한다. 쌍둥이는 부모와 주변의 사랑을 반으로 나누어 가지다 보니 경쟁이 더욱 치열해져서 그런 것은 아닐까 하는 생각을 했다. 쌍둥이들은 부족한 사랑 때문에 불안함을 더 느끼는 것 같다. 본능적으로 부모의 사랑을 더 받으려고 울음으로 보채든가 집착하게 되는 행동이 오래 지속될 수도 있다는 생각이 들었다.

아이는 미성숙한 상태로 태어난다. 부모의 보살핌을 받으며 성장해간다. 그 과정에서 부모와 애착형성이 되고 사랑받고 있다고 느끼게 된다. 이 시기에 충분한 사랑과 애착을 주고 받아야 한다. 그러나 아이는 부모가 애착을 덜 주거나 사랑을 덜 받는다고 느끼게 되면 불안함을 느낀다. 더군다나 말을 할 수 없기 때문에 그 불안함을 울거나 보채는 행동으로 표현한다. 아이가 조금 더 성장해서는 부모 말을 잘 듣는 착한 아이가 되려고도 하고 공부를 잘해서 사랑 받으려고 집착에 가까운 행동을 하는 아이들도 있다.

부모는 마음속으로는 아이를 사랑한다고 하지만 제대로 표현하지 않으면 아이는 부모의 사랑을 모른다. 아이가 어릴 적에는 안아주고 뽀뽀해주고 먹여주고 돌봐줄 때 아이는 부모의 사랑을 느낀다. 아이가 조금씩 성장함에 따라 다른 방법으로 사랑받고 있음을 느끼도록 해야 한다. 그중 하나의 방법은 말로써 제대로 표현하는 것이다.

아이에게 "사랑한다.", "잘한다.", "멋지다.", "최고다.", "고맙다." 등 칭찬해주는 말을 해줄 때 아이는 사랑받고 있다고 느낀다. 그리고 "너는 그렇구나.", "너의 입장은 그렇구나.", "기분이 나쁘구나.", "너의 의견을 들어보자."와 같이 인정해주는 말 등을 들을 때 아이는 자신이 사랑받고 있음을 느낀다.

대부분의 부모는 아이가 어렸을 때는 칭찬하는 말을 자주 한다. 아이가 학교에 들어가면서부터는 성적, 학업, 성과 위주의 생활이 많은데 아이를 비교하거나 내 아이가 기준에 못 미치다 보니 자꾸 모자라게만 느껴지게 된다. 그러면서 아이가 성적이나 학업에서 성과가 있을 때만 칭찬하게 된다. 그리고 비교, 비난, 우롱 등의 부정적인 말을 듣는 경우가 점점 더 많아진다. 칭찬 못 받는 아이들이 점점 많아지고 있다 보니 사랑받지 못한다고 생각하며 크는 아이들이 점점 많아지고 있다. 가정에서의 문제가 청소년 문제로 이어지는 경우가 대부분이다. 아이가 사랑받고 있다는 것을 충분히 느낄 수 있도록 부모는 노력해야 한다. 왜냐하면 아이는 부모에게 사랑받기 위해 태어났기 때문이다.

아이가 생각지도 못한 문제 행동을 보일 때면 부모는 우선 자신을 돌아보게 된다. 나 역시도 아이의 문제 행동들이 느껴질 때마다 내 자신을 뒤돌아봤다. 아이들이 하는 말이나 행동으로 인해 부모의 마음이 무너지기도 했다. 내가 혹시 잘못 키워서일까? 내가 제대로 가르치지 못해서 그런 건 아닐까? 늘 걱정이 되고 후회가 된다. 왜냐하면 부모가 어떻게 사랑을 주느냐에 따라 아이는 달라진다는 것을 알고 있기 때문이다.

자기 자신을 이해하는 부모에게
아이는 마음의 문을 연다

아들이 중학교 3학년이 되자 고등학교 입시 준비를 하게 되었다. 아들 성적은 제주시내 인문계고등학교를 갈 성적은 된다. 하지만 인문계 고등학교에 보내고 나서 내신 성적이 잘 나오지 않아 어려움이 많은 현실을 잘 안다. 거기다가 성적, 학업, 대학입시 위주의 일반계 고등학교 분위기에 적응하지 못해서 소외되는 아이들이 많다는 사실도 알고 있다.

학교는 상위권 학생들만을 관리하고 말 잘 듣는 학생들만을 교육하기를 원하는 거 같다. 학교의 존재 이유, 학교를 가야 하는 이유에 대해 혼란스럽다. 공교육의 현실에서 자존감이 떨어져가는 딸을 옆에서 지켜보는 것이 부모로서 속상하고 힘들다. 그래서 작은아이는 입시위주의 교육 현실로 밀어 넣고 싶지 않았다.

　아들도 누나의 고등학교 현실을 옆에서 지켜봤다. 그래서인지 자꾸 자신 없는 소리를 했다. 하루는 집에 와서 진로특강 시간에 은행 과장님이 오셔서 강의를 해주셨다고 했다. 꼭 인문계고등학교에 갈 필요가 없을 것 같다고 했다. 또 하루는 이번 진로특강 시간에 특성화고등학교에서 설명회를 왔는데 고등학교에서 자격증을 취득 후 취업으로 연계 할 수 있는 점을 강조했다. 아들은 특성화고등학교로 가는 것도 좋을 것 같다는 말을 하기도 했다.

　나는 아이의 생각과 감정을 이해하려고 노력했다. 아들은 '인문계 고등학교에 가고 싶지 않구나.', '막상 고등학교를 가더라도 어떻게 될지 걱정되고 불안해하고 있다.', '취업을 걱정하고 있구나.'라는 생각과 감정을 읽을 수 있었다. 내가 생각해도 제주도내 중상위권 아이들이 모인 인문계고등학교는 진학한 후가 더 걱정인 건 사실이다.

　나는 아들에게 말했다. "엄마는 네가 취업까지 생각하고 있다니 다 컸다는 생각이 든다. 그런데 엄마는 네가 취업보다는 네가 할 수 있는 다양한 경험을 했으면 한다."라고 말했다. 나는 '공부는 평생 하는 것이다. 조금 늦었다고, 가방끈이 짧다고 해서 아이가 인생을 못 살고 실패한 건 아니다.'라는 인생철학을 가지고 있었다. 아이는 "인문계고등학교에 가면 공부만 해야 하잖아. 성적도 잘 안 나올 거고. 학교 다닐 맛이 없을 거 같아."라고 말했다.

엄마는 "그런 고민도 하고 있구나. 인문계고등학교 가더라도 공부만 해야 하는 것은 아니야. 엄마는 네가 조금 다른 생활할 수 있다고 보거든. 자신이 생각하기 나름으로 보낼 수 있으니 조금 더 고민해보자. 다른 방법이 있는지. 엄마는 네가 행복한 학창 시절을 보냈으면 한다."라고 말해주었다. 아들은 "네. 저도 고민 더 해볼게요."라고 대답했다.

딸과는 다르게 아들은 나와의 관계가 무난했다. 소통과 감정에 대해 공부한 것이 도움이 됐다. 아이에게 상처주지 않고 말하는 습관을 하고 아이를 이해하고 공감하는 습관을 가지려고 노력했다. 딸과의 관계 회복에도 효과가 있었지만 아들과의 좋은 관계를 유지하는 데 더욱 긍정적인 영향을 주었다.

둘째인 아들을 키워보니 딸과는 다른 점들이 있었다. 아들은 조금 느리고 천천히 해야 하는 기질이다. 나는 그런 점을 문제로만 바라보는 것이 아니라, 다름으로 인정했다. 아들이 무슨 일을 할 때 기다려주고 천천히 해결해나갈 수 있도록 돕는 편이다. 아들도 자신의 마음을 이해해주는 편인 엄마에게 속마음을 쉽게 표현했다. 나는 아이의 속마음을 알게 되니 아이를 도와줄 수 있게 된다. 그리고 아들을 도울 수 있어 아이 키우는 데 훨씬 수월하고 편안함을 느꼈다.

아들은 여러 고민 끝에 충북에 있는 글로벌선진학교로 중학교 3학년 2학기에 전학했다. 얼마 후 글로벌선진고등학교로 진학을 했다. 여기 학생들은 전부 기숙사를 이용해야 한다. 한 달에 한 번, 2박 3일은 정기 외박이 있다. 학교 기숙사 청소 및 소독들이 이루어진다. 그때는 아들은 제주도 집으로 비행기를 타고 온다. 아들 친구들은 대부분 서울, 경기 지역에 살고 있다.

그 친구들은 외박이 있을 때면 전세버스 카풀을 해서 집으로 갔다. 또 친구들은 주말 동안 같이 만나서 놀기도 한다. 그런데 아들은 제주도로 와야 해서 친구들을 만날 수가 없었다. 전학을 했을 때만 해도 제주도 본가로 와서 잠도 푹 자고 오후에는 이발도 하고 학교에서 필요한 것을 사고 가족들과 저녁도 먹고 한 후에 학교로 돌아가곤 했다.

언제부터인지 아들도 정기외박이 있을 때는 친구들과 지내고 싶어했다. 서울이나 경기도 쪽에 사는 친구 집에 가고 싶어했다. 가까운 곳에서 모여서 놀고 영화도 보고 하는 모양이다. 특히 서울에 있는 친구들끼리는 토요일에 만나서 축구하고 사우나에서 씻고 저녁 때는 고기 뷔페 집에 가서 먹는다는 것을 알게 된 후부터 아들도 그러고 싶어했다.

학교에서 전화가 왔다. 아들은 "엄마, 이번 외박 때 친구 집에 가면 안 돼?"라고 물었다. 나는 "친구 부모님이 불편하지 않을까?"라고 대답했다. 아들은 "현준이가 자기 엄마한테 물어봤는데 괜찮다고 했어."라고 말했다. 나는 "알았어. 아빠한테도 전화해서 네가 말해야 한다."라고 말했다. 아들은 "아빠한테는 엄마가 말해주면 안 돼? 아빠한테 말하는 게 불편해요."라고 대답했다. 나는 "알았어. 엄마가 대신 말해줄게. 대신 친구집에 가서도 행동을 잘해야 한다."라고 당부 말을 했다.

저녁을 먹으면서 남편에게 "아들이 이번 외박 때 친구 집에 가고 싶어해."라고 말했다. 그랬더니 남편은 "그 자식은 나한테는 전화 한 통 없더니."라고 말했다. 나는 남편에게 "당신한테는 전화하라고 할까?"라고 물었다. 남편은 "돈 필요할 때만 전화해서 돈 달라고만 하지."라고 말했다.

나는 남편에게 아이와 통화할 때 아이 얘기도 들어주고 관심 있게 물어봐야 한다고 말했다. 아들 입장에서 말하는 습관을 해야 아들도 마음을 열고 아빠에게 사소한 일상을 말하려고 전화한다고 말했다. 남편은 애들하고 전화할 때 "용건만 간단히."라고 말하는 습관이 있다. 내가 그런 말을 듣는다면 기분이 나빠져서 '남편하고는 다시는 말하고 싶지 않다.'라는 생각이 들 것이다. 아이들도 마찬가지일거라고 말해주었다. 그리고 아들이 엄마한테만이라도 말하는 게 다행이라고 말했다.

아들이 아예 말도 안하고 소통을 안 하면 더 답답할 것이다. "아들이 그래도 나한테라도 전화 자주 해서 어떻게 생활하는지, 무슨 생각을 하는지, 뭘 고민하는지를 말해주니 너무 좋다."라고 말했다. 그러면서 "아들이 혹시 전화가 오면 정기외박 때 친구 집에서 자고 싶어 하니 허락해주라고 부탁했다. 그리고 "학교 밖은 늘 조심해야 하고 책임 있게 행동해야 한다."라고 말해주라고 당부했다.

아들은 이런 일 말고도 나에게는 얘기를 많이 한다. 아들이 전화가 왔다. "엄마, 뭐 해?"라고 물었다. 나는 "네 전화 기다리고 있었어."라고 말했다. 아들은 "아, 미안해. 자주 전화해야 하는데. 자꾸 깜박하네."라고 말했다. 나는 "무소식이 희소식이다. 무슨 일이 있는 건 아니지?"라고 물었다. 아들은 "그냥 답답해서 전화했어."라고 말했다.

나는 "답답한 일이 있구나~"라고 말했다. "밤을 새며 공부를 했는데도 수학 점수가 엉망이야."라고 대답했다. 나는 "열심히 했는데. 실망했구나."라고 말했다. 아들은 "이번에는 기대했거든. 수학공식도 다 외우고 문제도 잘 풀고, 교과서에 나온 문제들이 다 풀리는 거야. 친구들에게 설명도 해줄 정도였어."라고 말했다. 나는 "완전 자신 있었구나."라고 말했다. 아들은 "그런데 수학 점수가 엉망으로 나와서 속상해."라고 말했다.

그리고는 "엄마 미안해. 이번에는 잘해서 엄마한테 전화하고 싶었는데."라고 말했다. 나는 "네가 최선을 다했다면 엄마는 괜찮다. 너무 속상해 하지 마라."라고 말했다. 엄마는 "네가 학교생활도 잘하고 다른 과목에서 잘하는 부분이 있으니 괜찮다."라고 말했다. 아들은 "포기는 하지 않고 열심히 해볼게."라고 말했다. 아들은 국사나 세계사 과목을 좋아하고 잘한다. 그리고 창의성을 요하는 미술과 협업해야 하는 프로젝트 수행평가, 태권도 과목에서는 더 노력해서 좋은 점수를 받았다.

만약에 아들이 수학 점수가 엉망이라고 말하며 전화가 왔을 때, 내가

"너 저번에도 엉망이잖아.", "너는 항상 못 보잖아.", "노력을 안 하는 거 아니니", "용건만 간단히 말해라."라는 식으로 말한다면, 아이는 마음의 문을 닫게 된다. 더 이상의 소통은 없다. 나는 아들이 힘들게 노력하고 기대하고 있는데 잘되지 않아 실망하고 좌절해 있다는 것도 알 수 없게 된다.

사람은 누구나 타인에게 이해받기를 원한다. 특히나 사랑하는 사람이나 소중한 사람에게 이해받기를 더 원한다. 아이들이 이해받기를 원하는 첫 대상은 부모다. 가장 가까운 관계인 부모로부터 이해를 받는다면 아이들의 세상은 기쁨으로 가득 찰 것이다. 아들은 시험에서 기대했던 것만큼 결과가 좋지 않아 실망하고 속상해했다. 힘들고 우울한 마음에 자신을 잘 이해해주는 엄마와 얘기하는 동안 그런 감정은 사라지고 다시 노력하고 도전하겠다는 마음이 생겼다. 그렇게 마음의 문을 열면 자연스럽게 아이의 속마음을 부모에게 말하게 된다. 엄마도 아이의 열린 마음을 들을 수 있게 된다. 아이가 어떤 문제가 있는지, 뭘 걱정하는지, 어떤 점을 어려워하는지, 어떻게 극복하려고 노력하고 있는지, 왜 즐거워하는지 등을 부모가 잘 알게 되면 아이를 도울 수 있게 된다. 그러면 아이와의 관계가 기쁘고 즐거워진다.

03

부모가 믿는 만큼
아이는 성장한다

초등학교 6학년이 된 아들은 주말마다 일찍 일어난다. 친구들과 학교에 모여 축구를 하기로 했다. 나는 남자 아이들이 축구를 하는 것은 좋다고 생각한다. 축구화도 사주고 공도 좋은 걸로 사줬다. 나도 운동하는 것을 좋아한다. 가끔 아들과 같이 학교 운동장에 가서 축구를 해주기도 했다. 그러면서 아들이 어떤 친구들과 지내는지 자연스럽게 파악이 됐다.

아들이 하루는 친구들과 자전거를 타기로 했다며 자전거를 끌고 나갔다. 어른들이 학교 운동장을 자주 빌리는 바람에 축구를 할 수가 없어서 친구들과 자전거를 타기로 했다는 것이다. 몇 주 후에는 자전거 크루를 만들었다며 자랑했다. 자전거를 타고 탑동 광장까지 갔다 오기로 했다는 것이다. 나는 광장까지 가는 길은 차가 많이 다녀 위험하고 불안했다.

그러나 아들을 믿기로 했다. "광장까지 가는 길에 차가 많아 위험하니 조심해야 한다. 그리고 안전모자는 꼭 쓰고 탔으면 좋겠어."라고 말했다. 아들은 "알았어요."라고 말했다. 나는 "탑동 광장까지 가는 길은 아니?"라고 물었다. 아들은 자전거를 가리키며 "엄마 핸드폰을 여기다 두고 길찾기 앱을 깔면 돼."라고 말했다. 나는 아들을 어리게만 생각했었는데 아들이 스스로 길 찾는 앱도 깔고 먼 곳까지 가보겠다고 하니 더욱 믿음직스러웠다.

하루는 아들이 자전거 바퀴 때우고 바람을 넣는 기구를 사달라는 것이다. 나는 "왜 그런 것이 필요하니?"라고 물었다. 아들은 "자전거 바퀴가 자주 펑크가 나서 내가 해보려고."라고 대답했다. 나는 "자전거 수리점에 맡기면 되지."라고 말했다. 아들은 "자꾸 펑크가 나서 내가 아예 배웠어."라고 대답했다.

자전거 수리점에 가면 한 번 때우는 데 5천 원을 내야 한다. 자주 펑크를 때우다 보니 비용이 만만치 않았다. 그래서 아예 자전거 수리점 아저씨에게 배웠다는 것이다. 나는 자전거 수리점으로 가서 펑크 때우는 기구를 사줬다. 그곳 아저씨는 우리 아들을 잘 알고 있었다. 아들이 매일와서 유심히 보더니 배우게 해달라고 했다는 것이다. 몇 번 만에 자전거바퀴 펑크 때우기 기술을 습득했다.

아들은 연장을 참 잘 쓴다. 이것저것 벽에 못을 박아달라고 하면 아들이 쓱쓱 해주었다. 어느새 아들이 이만큼이나 컸을까? 문득 놀랐던 때가 있다. 아들은 둘째고 어려서부터 아토피로 고생을 많이 했다. 거기다가 느리고 자신감이 부족해 늘 걱정했었다. 하지만 필요한 문제들을 슬기롭게 해결해가는 모습을 보니 대견하고 믿음직스럽다.

사춘기 아이들의 특성을 보면 미래에 대한 불안감도 많고 막연한 현실에 불만족해 하고 스트레스를 받는 경우가 많다. 그러다 보니 현실을 도피하고 누워만 있거나 게임에 빠져서 컴퓨터를 붙들고 있는 경우도 있다. 혹은 PC방이나 노래방에 가는 아이들도 많다. 그러다 보면 공부가 싫어져서 학업을 포기하고 학교도 가기 싫다고 하면서 부모와의 갈등으로 치닫게 되는 경우가 많다.

나는 오히려 아들이 축구도 하고 자전거를 타는 것은 스트레스 해소 방법으로 아주 좋다고 생각했다. 친구와 함께 땀도 흘리고 광장까지 도착하려면 어떻게 해야 하는지도 알고 그곳에 도착하게 되면 스스로 해냈다는 성취감도 느낄 것이다. 또한 광장을 자유롭게 달리다 보면 자유도 느끼게 된다고 생각했다.

1주일에 한 번 자전거를 타고 가는 것은 허락했다. 대신에 항상 안전에 신경 써야 한다는 것을 당부했다. 그리고 친구들과 모이다 보면 자기도 모르게 책임져야 할 일에 휩싸이게 될 수 있다. 아이에게 어떤 일을 할 때는 옳고 그른지를 따져야 한다고 했다. 그리고 양심에 비춰 고민하고 부모를 한번 떠올리면서 행동해야 한다고 가르쳤다. 그리고 "너를 믿기 때문에 허락한 거야."라고 말해주었다. 그래서인지 아들은 어디쯤 있고 무엇을 하고 있다는 소식을 간간이 나에게 꼭 알려주었다.

나는 아들이 스스로 길을 찾는 방법, 자전거 타고 가다가 바퀴 때우기 등을 스스로 알아낸 것에 대해 매우 자랑스럽다. 내가 공부, 성적 위주로 아들을 바라봤더라면 아마도 이런 기분을 느끼지 못했을 것이다. 또한 아들은 공구 만지는 재능이 있다는 것도 몰랐을 것이다. 아직 어리고 믿지 못한다는 생각으로 아무것도 하지 못하도록 했더라면 아이는 스스로 할 줄 아는 것이 없는 아이로 성장했을 것이다. 결국 부모가 다 해주면 살 수는 없는 것이다.

아이가 조금 느리고 천천히 갈지라도 아이는 할 수 있다고 믿어주고 기다려줘야 한다. 부모가 그렇게 한다면 아이는 스스로 살아가는 방법을 찾게 된다.

아들은 중학생이 되어서야 컴퓨터 게임을 시작했다. 학교가 끝나면 친구들과 어울려 PC방에 가곤 했다. 또래에 비해 조금 늦게 시작한 편이다. 가끔은 부모가 인증해줘야 할 수 있는 게임도 있다. 그럴 때면 나에게 전화가 와서 승인을 해달라고 한다. 아들은 PC방에 들렀다가 학원을 가느라 가끔은 학원에 늦는 일도 생겼다.

나에게 전화가 와서 "오늘 학원 안 가면 안 돼요?"라고 물어보기도 했다. 그럴 때마다 엄마는 "학원을 안 가고 싶다고~"라고 말했다. 먼저 아이의 생각을 수용했다. 아이가 게임을 이제야 시작해서 한창 좋아할 때라는 것을 이해했기 때문이다. 하지만 게임에 늦게 눈을 떠 게임중독이 될까봐 걱정이 되었다.

아들에게 "학원을 안 가고 게임을 하면 네 마음이 편하겠니?"라고 물어봤다. "엄마가 어떻게 해주면 좋겠니?"라고 말했다. 아들은 조금 기다렸다가 "아니. 엄마 나 학원 갈게요."라고 대답했다. 나는 "네가 학원 가기로 결정했다니 마음이 놓인다. 엄마는 네가 게임에 중독될까 봐 걱정했거든. 엄마는 널 믿는다."라고 말했다. 나는 "학원 잘 다녀와. 그리고 이따 집에 와서 게임을 1시간 하는 건~ 어때?"라고 물었다. 아이는 "알았어요. 땡큐~"라고 대답했다. 아들은 학원에 잘 다녀왔고 집에 와서 1시간 정도만 게임을 했다.

여름 방학이 됐다. 아들은 PC방을 가지 않았다. 일어나서 씻고 준비해서 PC방까지 걸어가는 게 덥고 귀찮아진 것이다. 대신 집에 있는 컴퓨터로 게임을 하는 시간이 많아졌다. PC방과 학원가는 문제는 자연스럽게 해결됐다. 하지만 방학 때 집에서의 컴퓨터 사용이 많아지면서 또 다른 갈등이 찾아왔다. 부모가 직장을 가버리면 아들 스스로 컴퓨터 사용을 적당히 하기가 어려웠다.

아이에게 "방학 때 컴퓨터 사용이 많아 걱정이야. 눈 건강에서 안 좋고 허리도 구부정해져서 걱정된다. 어떻게 하면 좋을지 방법을 생각해볼래?"라고 물었다. 아이는 "알겠어요. 생각할 시간을 주세요."라고 대답했다. 나는 "네가 잘 생각해서 결정할 거라고 믿는다."라고 말했다. 그리고 아들을 믿고 기다렸다.

며칠 후 아들은 몇 가지를 제안했다. 우선 방학이니 10시까지 잘 수 있도록 해줄 것, 오전에는 운동을 할 것이고, 오후에는 게임을 할 수 있도록 해달라는 것이다. 그리고 저녁 때는 평소처럼 학원에 가겠다고 했다. 또한 주말에는 자유롭게 컴퓨터를 쓸 수 있도록 해달라고 제안했다. 나는 아이의 제안에 우선 일주일을 해보고 또 다시 협의를 하자고 제안했다.

사춘기에 접어든 아들에게 부모가 "방학인데 늦잠을 자냐? 일찍 일어나라. 게임은 왜 이렇게 많이 하니? 하루에 1시간만 해라," 등 이래라, 저래라 말을 한다면 아이는 오히려 부모에게서 통제와 간섭을 받는다고 생각할 수도 있다. 이 시기에 아이들은 통제와 간섭을 싫어한다. 스스로 생각하고 깨우쳐야 행동한다는 것을 나는 잘 알고 있다. 그렇기 때문에 아이에게 부모가 믿고 기다린다는 것을 알려주고 기다려야 한다.

부모가 아이를 믿는다는 것은 아이가 스스로 할 수 있다고 생각하며 기다려주는 것이다. 그러나 대부분의 부모는 아이를 키우면서 아이가 아직 어려서, 익숙하지 않아서, 혼자서는 할 수 없어서, 너무 높아서 할 수 없을까 봐 염려하고 걱정하고 불안해한다. 그러다 보니 모든 것을 부모가 다 해줘야 직성이 풀리는 부모들이 많다. 특히 외둥이를 키우는 집의 부모들이 그런 경향이 높다. 아이가 혼자다 보니 안되 보이고 외로워 보여서 모든 것을 다 해주신다. 아이가 해낼 수 있다는 믿음이 약하다.

아이가 자전거 타기를 처음으로 배울 때 뒤에서 잡아주던 어른이 손을 떼는 것처럼 부모는 세상을 향해나가는 것을 불안해하고 걱정된다는 생각에 더 아이를 믿지 못하게 된다. 그런 부모를 가진 아이는 불행하다. 그 아이는 자전거를 타서 갈 수 있는 곳이 많다는 것도 모른다. 자전거를 타고 가다 바퀴가 터지면 바퀴를 때워서 갈 수 있다는 것도 모른다.

새장에 갇힌 새처럼 주어진 것만 먹고 주어진 공간 안에서만 삶을 느끼고 살아갈 뿐이다. 아이도 부모의 보호막 안에서만 살아간다면 세상은 늘 두려운 곳이고 문제투성이고 불안하다는 생각만 하게 된다. 넓은 세상으로 나아갈 생각조차 할 수 없다. 혹시라도 넓은 세상으로 나아가더라도 세찬 비바람은 견뎌낼 힘이 없다. 아이를 그렇게 키우고 싶은 부모는 없다. 병아리가 알을 깨고 나올 수 있도록 밖에서 알을 토닥여주고 용기를 주는 것이 필요하다. 아이를 믿는다는 것은 아이가 잘할 수 있다는 것을 아이 스스로 느끼고 도전할 때까지 기다려주고 용기를 주는 일이다. 아이는 그 용기로 도전하면서 성장한다.

04
—

권위 있는 부모는 사랑과
규칙을 엄격하게 구분한다

나는 〈지역사회교육협의회〉에서 올바른 부모-자녀 대화법을 공부하게 되면서 부모의 역할을 다시 배웠다. 부모의 역할은 사랑하기와 가르치기이다. 자기 아이를 이해하고 아이 입장을 생각하며 키워가는 데 도움이 많이 됐다. 부모-자녀 대화법 공부를 통해 부모의 역할에 대해 알게 되고 부모의 역할은 아이와 같이 성장해야 한다는 것을 알게 되었다. 그리고 어떤 부모가 되어야 할지 방향을 잡게 해주고 올바른 방향으로 끌어주었다.

아이를 키우면서 처음에는 유아교육과에 편입해 유아교사로서의 공부를 했다. 아이를 바라보는 관점이나 이론적인 부분들에서 미처 알지 못했던 것을 많이 알게 됐다. 아이가 사춘기 시기에 접어들게 되면서 부모 자녀간의 대화법 공부는 슬기롭고 지혜로운 부모가 되어야 한다는 것을 알게 해주었다. 아이의 사춘기로 인해 소통이 안 되던 나에게 한 줄기 빛과도 같았던 공부다. 아이가 태어나서 자라는 동안 부모의 역할인 사랑하기와 가르치기를 어떻게 주고, 부모가 어떻게 변화해야 하는지를 크게 깨닫고 스스로 깊이 생각해 보게 되었다.

사랑하기와 가르치기로 부모유형을 나눌 수 있었다. 쉽게 좌표를 그려보면 가로는 사랑, 세로는 가르치기이다. 사랑은 자애로움이고 가르치기는 엄격함으로 이해할 수 있다. 두 부분을 가지고 부모유형을 나눌 수 있다. 자애롭기만 한 부모는 사랑만 주는 부모 유형이다. 엄격하기만 한 부모는 가르치기만 하는 부모 유형이다.

자애롭지도 엄격하지도 않은 부모는 사랑도 가르치기도 안 하는 부모 유형이다. 자애로우면서 엄격한 부모는 사랑을 주면서 가르치기도 잘 하는 부모 유형이다. 부모유형을 4개로 나눌 수 있다. 우리가 지향해야 하는 부모유형은 자애로움과 엄격함을 갖춘 부모이다. 이런 부모를 권위 있는 부모라고 한다. 권위만 있는 부모와는 다르게 구분할 수 있어야 한다.

마트에서 장난감을 사달라고 울며 떼쓰는 아이가 있는 경우 부모들은 어떻게 할까?

부모는 아이에게 "알았어. 엄마가 사줄게. 울지 마.", "네가 울면 엄마 속상해. 그거 사줄게.", "엄마가 뭐든 해줄게."라고 말하는 부모가 있다. 아이의 모든 요구를 들어주고 아이를 대신해서 모든 일을 해주는 자애롭기만 한 부모다. 아이의 기분과 상태에 따라 일관성 없이 행동하는 부모다. 이런 경우 아이는 책임을 회피하고 버릇이 없고 예의 없는 아이로 자라게 된다.

다른 부모는 아이에게 "안 돼. 떼쓴다고 사주지 않아.", "똑같은 걸 사는 건 낭비야.", "참을 줄도 알아야지.", "고집부리고 우는 건 나쁜 행동이야."라고 말한다. 아이에게 자애로움은 주지 않고 가르치려고만 하는 엄격한 부모가 있다. 이런 경우 아이는 자신의 마음을 몰라주는 부모에게 상처를 받고 죄책감을 가지게 된다. 복종적이고 순종적인 자녀로만 성장하고 스스로 문제해결을 하기 어려운 아이로 성장한다.

또 다른 부모를 보자. 아이에게 "울든지 말든지 네 맘대로 해.", "엄마는 너한테 관심 없어.", "지금 그치지 않으면 집에 가서 혼난다." 이런 말을 한다. 아니면 아이를 그대로 무관심하게 방임을 하거나 무기력하게 놔두는 부모들이 있다. 자애로움도 없고 엄격하지도 않은 부모이다. 이런 경우 아이는 부모를 불신하게 되고 적대감과 좌절감을 느끼게 되면서 폭력적이거나 회피하는 아이로 자라게 되어 사회적으로 문제를 일으키게 된다.

마지막 부모를 보자. 아이에게 "장난감을 가지고 싶구나. 그런데 계획

하지 않고 물건을 살 수는 없거든. 네가 어떻게 할지 생각해보렴!". "지금 장난감 사고 싶구나. 집에 다른 장난감이 있잖아. 그래도 사고 싶다는 거니?"라고 말을 하는 부모가 있다. 아이를 이해해주고 아이 감정이 내려가게 한다. 아이는 자신이 처한 상황을 들여다볼 수 있다. 어떻게 해야 할지 자신이 결정해야 한다는 것을 알게 된다. 자기 성장의 기회를 경험을 하게 된다. 아이는 자신감 있고 분별별 있는 아이로 성장해나갈 수 있다.

나는 저녁 모임이 있어서 외출을 했다. 같은 반 엄마들과 간단히 저녁을 먹고 커피를 마시면서 이야기를 하고 있었다. 밤 9시쯤 딸아이한테서 전화가 왔다. "엄마. 어디야?"라고 말했다. 나는 "엄마 모임 간다고 했잖아."라고 대답했다. 아이는 "엄마, 내일 미술 준비물 가져가야 하는데."라고 말했다. 나는 "엄마 지금 모임 왔잖아. 바쁘니까. 끊어~"라고 말하며 전화기를 끊었다.

아이에게서 다시 전화가 왔다. "엄마, 내일 준비물 가져가야 된다고." 라고 화를 내며 말했다. 나는 "그걸 지금 말하니. 지금은 엄마가 여기 있으니 해줄 수가 없잖아. 아빠한테 말해야지."라고 말하면서 전화를 끊었다. 엄마들에게 자녀의 전화 내용에 대해서 말했다. 진희 엄마는 자기도 몰랐다며 자기 아이에게 전화를 했다.

그 엄마는 "알았어. 엄마가 다 알아서 내일 가져다 줄게. 걱정 말고 자

~"라고 말했다. 진희엄마도 모르고 있었다. 준비물이 있다는 것을 아이에게 알려주고서는 내일 엄마가 다 알아서 하겠다고 말하는, 모든 것을 다 해주는 엄마였다.

다른 엄마는 "우리 아들도 모르는 거네. 나한테 말도 안 했어요. 나는 무시할래요. 이 자식은 선생님한테 혼나봐야 정신 차리죠."라고 말했다. 아이를 강하게 키우는 건지 아이에게 무관심한 건지 도대체 엄마의 속을 알 수가 없었다. 아이도 이런 엄마면 참 속상할 것 같다는 생각이 들었다.

또 다른 엄마는 "우리 아이는 미리 말해줘서 나는 아까 나오기 전에 준비물 챙겨주고 나왔어요."라고 말하는 것이다. 아이가 스스로 똑 부러지니 엄마의 어깨가 으쓱해 보였다. 엄마들의 반응이 참 다양했다. 나는 이때만해도 부모로서 어떤 부모가 되어야 하는지 잘 몰랐다. 그냥 엄마들의 얘기에 같이 하하 호호 웃었다.

나는 아이에게는 자애롭고 엄격함을 지닌 권위 있는 부모가 될 수 있어야 했다. 아이에게 "저런, 그런 일이 있구나.", "지금이라도 말한 건 잘한 일이야.", "못 가져갈까 봐 걱정이 되는구나.", "엄마가 없어서 불안하구나.", "아~ 그렇구나."라고 들어주고 이해하는 말만이라도 했어야 했다. 그랬더라면 아이는 '엄마는 나를 이해하고 있구나.', '내 마음을 아는구나.'라고 생각하면서 아이는 '부모는 나를 사랑하고 있다'고 느꼈을 것이다.

그리고 아이에게 "너는 어떻게 하면 좋겠어?"라고 말한다. 아이는 '내가 어떻게 하면 좋을지'를 생각한다. 아이는 "같은 것이 있는지 찾아볼게요.", "내일 아침 일찍 학교 가면서 살게요.", "친구한테 물어볼게요." 등 스스로가 할 수 있는 방법을 찾게 된다. 부모는 아이가 스스로 문제를 해결해나갈 수 있는 경험을 가르쳐줄 수 있게 되서 뿌듯하고 아이는 부모의 엄격함을 배우게 되는 것이다.

또는 "엄마가 어떻게 도와주면 좋겠니?"라고 말한다. 아이는 '엄마는 나를 언제나 도와줄 거야.'라고 생각하며 부모를 믿게 된다. 이런 경험은 아이가 살아가는 동안 힘든 일이 생겼을 때 회피할 것이 아니라 부모에게 도움을 요청할 수 있다는 것을 알게 된다.

사랑만 주는 부모는 허용적인 부모로서 아이가 원하는 것은 무엇이든지 다 들어주는 부모다. 규칙이나 엄격함을 찾아볼 수 없고 자애로움만 넘치는 부모다. 아이가 과자를 사달라고 하면 집에 다른 과자가 있음에도 불구하고 "알았어."라고 하면서 무조건 사주는 부모이다. 나중에는 아이를 통제하기가 어려워진다.

규칙만 엄격한 부모는 권위주의적인 부모로서 일방적으로 규칙을 정해놓고 엄격하게 지켜나갈 것을 강요하는 부모이다. 아이가 규칙을 지키기 않으면 화를 내고 소리를 치거나 매를 들기도 하는 한다. 아이가 과

자를 사달라고 하면 "숙제부터 해야지.", "과자를 먹으면 이를 꼭 닦아야
지."라고 말한다. 그다음 아이가 지키지 않으면 벌을 주고 매를 들기도
한다.

사랑도 주지 않고 규칙을 알려주지도 않는 부모는 방임형 부모이다.
아이들에게 관심 없고 늘 방치한다. 방안을 뛰어 다니거나 싸워도 그냥
놔두는 부모다. 부모는 바쁘다는 핑계로 누워 있으면서 "엄마랑 놀아.",
"다른 데 가서 놀아."라고 말한다. 또는 컴퓨터 게임에 빠져서 아이를 그
냥 혼자 방치하는 부모의 이야기도 뉴스를 통해 들을 때가 있다.

마지막으로 권위 있는 부모는 사랑을 주면서 아울러 규칙을 잘 이해하
고 지키도록 설명하고 칭찬하는 부모다. 아이가 과자를 사달라고 하면
아이에게 "지금 과자 먹고 싶구나.", "과자를 많이 사면 다른 물건을 살
돈이 없는데, 어떡하지?"라고 절제해야 하는 규칙을 말해줄 수 있는 부
모가 권위 있는 부모이다. 권위 있는 부모는 사랑과 규칙을 엄격하게 구
분하는 부모이고 가장 민주적인 부모라고 할 수 있다.

아이가 달라지려면
부모가 먼저 달라져야 한다

나는 공부나 지식 위주의 삶보다는 자신의 삶을 잘 살아가는 것이 중요하다는 생각을 하게 되었다. 내가 삶에 대한 생각이 크게 변하게 된 계기 중 하나는 '세월호' 사건이다. '세월호' 사건은 모 고등학교 학생들이 배를 타고 제주로 수학여행을 가다가 진도 앞바다에서 배가 뒤집혀 수많은 아이들이 목숨을 잃은 엄청난 사건이다.

딸이 고등학교 1학년 때 이 엄청난 사건이 일어났다. 안산의 한 고등학교 2학년 학생들은 단체로 수학여행을 가기 위해 배에 올랐다. 배에서 친구들과 즐거운 시간을 보내고 새벽이 되어서야 잠이 들었다. 배가 진도의 앞바다를 지나면서 이상이 생겼고 기울기 시작했다. 아이들은 제각기

119 요청과 부모들에게 전화를 걸어 상황을 알리기도 했다. 그러면서 급박한 상황들이 시작됐다.

일요일 아침 TV에서는 배사고가 났다는 긴급 보도가 나오기 시작했다. 나도 집에서 가족들과 모처럼 휴식을 취하고 있었다. 바로 얼마 안 되어서 전원 구조 됐다는 소식도 들었다. 우리 가족은 '다행이다'라고 생각을 하고 있던 차에 오보였다는 소식과 함께 숨가쁜 구조 현장이 계속 보도되었다. 몇 시간 후 배를 지휘하는 선장이 구조 배에 올랐고 현장을 빠져 나온 아이, 아직도 기다리는 아이들의 영상은 손에 땀을 쥐게 했다. 동년배의 아이를 키우는 부모로서 숨쉬기 힘든 소식들로 세상은 발칵 뒤집혔다.

필사적인 탈출을 한 아이, 친구가 남아 있다며 우는 아이, 친구가 구명조끼를 벗어줘서 자기만 살아서 나왔다는 아이, 아이들을 살리기 위한 선생님 이야기 등이 전해졌다. 나는 21세기 대한민국에서 이런 일이 어떻게 일어날 수 있을까 하고 통탄하는 마음으로 뉴스에서 시선을 뗄 수 없었다. 더욱 긴박한 소식들이 나오더니 배가 더 기울기 시작했다는 것이다. 구조하는 사람들이 위험할 수 있고 더 이상 손을 쓸 수가 없다는 소식과 함께 배가 더 뒤집혔다.

우리들의 눈앞에서 수백 명의 아이들이 차가운 바다 속으로 가라앉았다. 나는 가슴을 부여잡고 숨이 턱턱 막혔다. 하염없이 눈물만 흘렸다. 다 키운 생때같은 자식을 잃은 부모들은 오열을 하고 정신을 났다. 나도 그들과 마찬가지 심경으로 큰 충격에 빠졌다. 눈물이 흐르고 가슴이 답답했다. 배 안에 있던 아이들이 얼마나 무서웠을까? 얼마나 차가웠을까? 얼마나 답답했을까? 나도 숨이 막히고 악몽을 꾸기도 했다.

실제로 이런 일을 보고 나니 나는 삶에 대한 생각이 달라졌다. 지금 내 옆에서 숨 쉬고 있는 아이들이 있음에 감사했다. 우리는 언제 어떻게 될지 모르는 삶을 살아가고 있다. 내 아이들에게도 공부나 지식습득에만 매달리고 기다리라고만 하면서 인생을 헛되게 보내고 싶지 않다. 나부터 어떻게 사는 것이 의미 있게 사는 것인지 고민하게 되었다.

최근에는 나는 책을 쓰고 싶다는 생각을 했다. 인터넷에서 책 쓰기를 검색하다가 〈한책협〉 까페를 만났다. 회원가입을 하고 책 쓰기 일일특강을 들었다. 특강을 듣는 동안 나도 책을 쓸 수 있겠다는 용기가 생기며 심장이 뛰었다. 바로 〈책 쓰기 5주차 과정〉을 신청했다. 1주가 지나자 내가 써야 할 책의 주제와 제목이 만들어졌다. 또 한 주가 지나면서 목차가 만들어지고 원고를 쓰게 되는 일이 벌어졌다.

생각이 현실이 되고 꿈이 현실이 되는 것을 직접 경험하고 있다. '성공해서 책을 쓰는 것이 아니라 책을 써야 성공 한다'는 글귀가 나의 뇌리에 박혔다. 〈한책협〉을 통해 책을 쓰는 도전과 더 큰 성공을 향해 달리기 시작했다. 나의 책과 함께 나는 코치, 강연가, 동기부여가, 1인 창업가의 새로운 꿈도 꾸게 되었다. 꿈을 향해 도전하는 사람은 행복하다. 나를 행복한 사람으로 살아갈 수 있도록 이끌어주신 〈한책협〉의 김태광 대표님께 너무 감사하다는 말을 다시 한번 이 책을 통해 하고 싶다.

내가 아이 키우는 경험, 깨달음, 비법이 책이 되었다. 육아를 힘들어하는 부모들에게 길잡이가 되어줄 것이다. 내 아이들이 성인이 되었고 나의 인생에서 좋은 동반자적 관계가 되었다. 아이를 키우는 것은 내 인생이 일부임을 깨닫고 행복하게 달려올 수 있도록 노력했다. 나는 내 아이들도 행복하기를 바란다. 꿈에 도전하는 사람이 된다면 행복할 것이다. 그러기 위해 아이가 하고 싶은 일을 찾고 심장이 뛰는 일을 하도록 나는 도울 것이다.

간혹 발달이 느린 아이들이 어린이집에 입소한다. 엄마들은 아이가 느리다고만 생각한다. 특히 발달 지연, 사회성 문제 등은 더욱 잘 모른다. 어린이집에서 많은 아이들을 경험하다 보면 원장인 나는 일주일 정도만 함께 지내봐도 아이들의 발달 지연, 인지장애, 사회성 장애 등을 거의 구분할 수 있다.

다른 어린이집을 다닌 경험이 있는 네 살 신입 원아가 있었다. 첫 등원 날 아이는 간식이 나오자마자 울기 시작했다. 교사와 나는 첫날이기도 했고 무슨 일인지 난감했다. 아이를 달래보려고 했으나 아이는 말을 듣지도 않고 발을 구르고 악을 쓰며 울었다. 나도 아이를 달래보았지만 점점 더 격해지더니 숨이 넘어갈 듯 울었다. 엄마께 전화를 드렸다.

엄마가 아이를 데리러왔다. 엄마는 아이의 상황에 대해 잘 모르고 그저 자신의 아이가 조금 유별나다는 정도로만 생각했다. 다른 어린이집에서도 1년 내내 울기만 해서 어린이집 또는 교사와 적응을 못한다고만 생각했다. 그런데 환경을 바꾼 이곳에서도 첫날부터 운다고 하니 무척 속상하고 걱정된다고 하셨다.

나는 오늘 잠깐 지낸 것으로는 아이를 제대로 판단할 수 없으니 며칠 지켜보자고 했다. 혹시 집에서도 아이가 우는지, 우는 경우 어떻게 양육하는지 등을 물었다. 엄마는 아이가 울면 모든 것을 다 해결해주었다. 이제는 아예 울기 전에 모든 것을 다 해주는 편이다. 집에서는 네 살 아이에게 아직도 분유를 젖병에 넣어서 준다는 것이다.

아이가 밥을 잘 안 먹으니 키도 작고 건강이 염려되어 젖병에 분유를 준다고 했다. 오늘 어린이집 오전 간식이 우유와 치즈다. 우유를 컵에 주었더니 싫다고 젖병을 달라고 자지러지게 울었던 것 같다. 나는 아이의 발달 단계상 젖병 사용은 바람직하지 않다고 설명했다. 당분간 아이를 더 지켜보고 추후 상담을 하기로 했다.

이후 아이를 지켜보니 음식이 나오면 울기 시작하고 숟가락을 거부했다. 이상한 점은 울음소리는 엄청 컸으나 네 살 아이가 제대로 된 말을 하지 않았다. 특히 음식 앞에서 크게 운다. 나는 "안 먹고 싶어?"라고 물었다. 아이는 "아~웨~" 하면서 더 큰소리로 울었다. 이번에는 "먹고 싶어?"라고 물었다. 아이가 울음을 뚝 그쳤다. 포크를 건네주면 다시 뒤집

어지며 울었다. 배는 고프나 젖병분유를 찾는 행동이었다.

이 아이는 돌쟁이 아이들의 행동 특성이 보였다. 옹알이 소리를 냈고 도구는 사용할 줄을 몰랐다. 자신의 의사를 말로 표현할 수 없었다. 친구들과 같이 놀이를 하지는 않았고, 친구 이름, 고마워, 사랑해, 같이 놀자 등 사회언어를 사용할 수 없었다. 이 아이는 말이 없고 혼자 하는 놀이만 하는 편이었다.

잘 지내다가도 아이는 장난감을 갖고 싶거나 자기가 뺏고 싶은 욕구가 생길 때 큰 울음을 터뜨렸다. 울음을 들은 교사는 "무슨 일이니?"라고 묻는다. 아이는 원하는 것을 손으로 가리킨다. 이때 교사가 아이의 상태나 기분을 제대로 파악하지 못하면 큰 소리로 운다. 교사가 알아줄 때까지 울음으로만 표현하고 있다는 것을 관찰을 통해 알 수 있었다.

엄마와 다시 상담을 했다. 더 늦기 전에 부모가 할 수 있는 부분이 있다면 노력해야 한다고 말했다. 적기를 놓치면 아이가 더 성장했을 때 더 큰 문제로 인해 후회할 수도 있다. 그때 아이에게 미안해질 수도 있기에 부모는 아이가 세상을 잘 살아갈 수 있도록 도와야 하고 엄마에게 자신의 아이를 위해 "우리 아이는 다르구나."라는 부모의 인식부터 바뀌어야 한다고 강조했다.

달라지는 엄마의 모습이 보였다. 상담센터를 다녀오시고 아이가 언어

발달이 느리게 나와 언어 센터를 다니기로 했다는 것이다. 나는 엄마에게 "아이를 위해 정말 잘하신 일이에요."라고 칭찬해드렸다. 이후 아이는 차츰 조금씩 발음할 수 있는 변화가 보였다. 아주 느리지만 달라지고 있었다. 이제는 교사와 한 두 마디 단어로 소통하고 가끔은 "친구 좋아."라고도 말할 수 있게 됐다.

우리는 어쩌다 부모가 됐고 어쩌다 부모 노릇을 하고 있다. 내 아이에 대해 잘 알지도 못한 채 그저 '아이가 느리다, 부족하다, 까탈스럽고 별나다.'라고 말한다. 부모는 속이 탈 것이다. 그러나 아이가 행복하게 세상을 살아가기 바란다면 적극적으로 상담 받고, 진료 받고 치료가 필요하다. 전문가의 조언을 듣고 아이를 도와주어야 한다.

부모가 먼저 생각을 바꾼다면 내 아이가 달라지기 시작한다. 문제행동을 보이는 아이들의 부모도 역시 부모가 먼저 달라져야 한다. "문제 아이는 없다. 문제 부모가 있을 뿐이다."라는 말을 기억해야 한다. 내 아이에게 맞는 처방 솔루션이 있다면 함께 참여하고 도와야 한다. 부모가 솔루션을 같이 한다고 해서 아이가 금방 달라지지 않는다. 그래도 부모는 멈춰서는 안 된다. 아이가 세상을 잘 살아 갈 수 있도록 돕다 보면 아이가 할 수 있는 것이 많은 세상이 조금씩 열릴 것이다. 이 세상에 하나뿐인 든든한 울타리가 되어주어야 한다. 내 아이를 행복한 세상으로 이끌 사람은 부모다.

06
—

세상에 완벽한
아이는 없다

딸은 키도 크고 똑똑하고 야무지다. 워낙 말도 잘하고 의사표현도 확실한 편이다. 수업시간에 발표도 똑 부러지게 잘한다. 공부도 잘하고 워낙 적극적인 편이라서 나는 딸의 학교생활을 걱정 없이 잘할 거라고 믿었다. 간혹 반 친구들과의 갈등을 이야기할 때는 있지만 나는 심각하게 받아들이지 않았다. 딸이 의연하게 받아들이고 견뎌나가는 것도 배워야 한다고 생각했다.

초등학교 4학년이 되는 동안 특별히 야단을 치거나 혼낼 일이 없었다. 이제까지 별 문제없이 학교생활을 잘해주고 있었다. 토요일에 집에 있었는데 벨이 울려서 나가 보았다. 딸 친구 할머니라고 하셨다. 할머니는 화가 잔뜩 나셨다. 손녀딸이 집에서 울고 있어서 왜 그러냐고 자꾸 물었더니 쪽지를 보여줬다는 것이었다.

할머니는 그 쪽지를 읽고는 화가 나서 우리 집으로 달려왔다. 그 쪽지 내용은 '난 네가 정말 싫다. 네가 없어졌으면 좋겠다. 냄새가 나서 싫다. 못생긴 게 잘난 척한다. 옷이 그게 뭐냐?'는 내용이다. 할머니는 손녀에게 누가 한 짓이냐고 물었더니 반 친구들의 이름을 몇 명중에 우리 딸 이름도 있었다는 것이다.

나는 너무 깜짝 놀랐다. 그 친구의 가방에 쪽지를 넣은 아이는 딸이라고 한다. 친구는 부모가 바쁘시다 보니 주중에는 할머니 집에서 살고 있다. 대부분 할머니가 챙기고 부모님은 주말에 본다. 할머니는 너무 속상하다고 말하셨다. 그리고 애들 부모가 이 일을 알면 가만히 있지 않을 거라고 말했다. "반 친구들이 그러면 쓰냐."라고 말씀하셨다.

둘은 친한 사이였다. 딸 친구는 "친구들이 왜 그랬는지 모르겠다."라고 울먹였다. 할머니는 "어떻게 친한 친구가 더 그럴 수 있냐?"라고 말했다. 당장 쪽지를 보낸 친구들이 손녀에게 사과하지 않으면 학교에 사실을 알리겠다고 하셨다. 나는 딸을 불러 친구에게 사과하도록 했다. 그리고 할머니께도 죄송하다고 사과를 했다.

나는 이런 일이 생기면 딸에게 화도 나고 당황하고 실망감도 들었다.

'도대체 내가 무슨 문제지?', '친구에게 어떻게 저렇게 할 수가 있지?', '학교에서 뭘 하고 다니는 거지?' 등 여러 가지 생각이 들었다. 집에서의 모습과 학교에서의 모습이 이렇게 다를 수 있을까? 라는 생각도 들었다. 딸이 공부도 잘하고 말과 행동이 바르고 예의 있는 모범생이 되길 바랐던 것이다.

정반대의 행동을 하는 딸에게 화가 나고 실망스럽다. 당장 딸을 불러서 "너 도대체 무슨 생각으로 학교를 다니는 거니?", "친구에게 그럴 수 있니?", "너는 이중인격자야. 행동이 이렇게 다르니?", "너의 그런 행동에 엄마는 너무 창피하다."라고 말하고 싶다. 하지만 나는 부모인 나를 뒤돌아봤다.

나 역시도 모든 것이 완벽하지 않은 부모다. 주변 사람들에게 매번 상냥하지도 않다. 어른이면서도 화를 내고 짜증을 내고 소리지를 때도 많다. 어른인 나도 완벽하지 않다. 딸은 공부도 잘하고 똑똑하고 착하고 예의까지 있는 완벽한 아이이기를 바라고 있는 것이다. 나도 하기 힘들면서 아이에게 완벽하기를 바라는 것은 아이를 힘들게 하는 일임을 깨달았다.

어린이집 7세반은 축구활동을 하고 있다. 제주유소년축구대회 유치부에 참가하게 됐다. 축구부는 후보까지 해서 총 10명의 선수를 뽑을 수 있다. 7세반에 남자아이들은 12명이었다. 출전할 축구선수를 10명 뽑고 나면 2명이 남았다. 나는 7세반 학부모님들께 충분히 알린 후 공정하게 달리기로 참가할 선수를 뽑기로 했다.

넓은 운동장으로 아이들을 데리고 갔다. 남자 아이들을 한꺼번에 세우고 50m 달리기를 전력 질주하도록 했다. 더욱 공정하게 두 번이나 달리기를 했다. 맨 뒤에 들어온 2명의 아이를 빼고 10명의 선수를 뽑았다. 2명의 친구들도 소외되지 않도록 연습을 할 때는 함께 경기 연습을 하도록 했다.

재혁이 엄마가 어린이집으로 상담을 오시는데 나를 만나고 싶어 했다. 나는 무슨 일인지 대략 짐작은 했다. 재혁이는 축구선수로 뽑히지 못했다. 엄마는 예상대로 "원장님, 재혁이가 축구실력이 많이 부족한가요?"라고 물었다. 그리고 "재혁이가 축구선수를 하고 싶다고 자주 말을 해요."라고 말했다.

나는 "재혁이는 잘하는 것이 많은 아이예요. 재혁이는 책을 읽을 줄도 알고 놀이할 때 구성 능력이 좋고 예술 감각도 높은 아이예요." 놀이할 때 친구들과 협력하고 양보도 잘하고 아이디어를 잘 내기 때문에 인기가 많은 아이라고 설명했다. 하지만 "축구선수 10명 안에는 끼지 못했어요."라고 대답했다.

아이들은 성장 속도가 다 다르듯이 재혁이는 아직 운동 능력이 덜 발달됐다. 하지만 잘하는 부분이 더 많은 아이다. 부모는 재혁이가 못하는 것을 채워서 완벽한 아이로 키우려고 하다 보면 아이는 계속 힘들다. 모자란 부분에 관심을 갖고 자주 말하다 보면 아이는 질책, 비난, 비교하는 말만 듣게 된다. 아이가 잘하는 재능을 찾고 그 부분을 자주 칭찬해주는 말을 하다 보면 아이는 더 자신감이 생길것이라고 상담했다.

재혁이 엄마는 나와의 상담에서 무엇이 중요한지 깨달았다. 재혁이의 부족함을 채워보려고 축구교실을 보낼까도 생각했다는 것이다. 재혁이가 잘하는 부분이 많은 아이라는 것을 잊으시고 부족한 것만 채우려 했다는 것이다. 아이 재능을 키워주는 부모가 되겠다고 하셨다. 세상에 완벽한 부모가 없듯이 완벽한 아이는 없다는 것을 우리 부모들은 늘 인식하고 있어야 한다.

같은 반에 승훈이가 있다. 승훈이는 집에서 둘째다. 그래서 부모님의 관심을 덜 받는 편이다. 내년에 학교에 가야 하는데 한글을 못 떼서 부모는 걱정이 많다. 어린이집 하원하면 공부방으로 가서 국어와 수학 공부를 했다. 가끔 어린이집 복도에서 승훈이를 만나면 "공부방은 재미있니?"라고 묻는다. 승훈이는 늘 "축구가 더 좋아요."라고 대답한다.

승훈이는 축구를 아주 잘한다. 그래서 어린이집 축구 선수로 뽑혔다. 축구대회 날 승훈이가 축구화를 안 신고 왔다. 나는 급히 엄마에게 전화했다. 엄마는 "아빠 쉬는 시간에 보낼게요."라고 말했다. 나는 경기에 늦을 수 있으니 축구경기장으로 가지고 와 달라고 했다. 승훈이는 오전 경기에 일반운동화를 신고 뛰었는데도 우리 어린이집이 경기를 이겼다.

오후 경기에 승훈이 아빠가 오셨다. 마침 승훈이의 축구 경기가 있어 관람했다. 승훈이가 드리블을 하고 슛을 넣는 모습을 보셨다. 다른 아이들에 비해서 월등하게 잘하는 둘째 아들의 모습을 보시고는 아빠는 뿌듯해했다. 유소년 팀 감독님께서 승훈이 아빠를 찾아서 명함을 주고 가셨다. 아이가 축구에 관심이 있으면 찾아오라는 것이었다.

나는 승훈이 아빠에게 "승훈이 자랑스럽죠?"라고 물었다. 아빠는 "공부가 느려서 늘 걱정이다."라고 말했다. 나는 아빠에게 "아이가 다 잘할 수는 없어요. 승훈이는 축구를 잘하고 좋아한다."라고 말했고 "완벽한 사람은 없듯이 완벽한 아이는 없습니다. 승훈이가 잘하고 좋아하는 것을 할 수 있도록 해주세요."라고 말했다.

부모는 아이가 잘하는 것을 찾고 그 재능을 더 잘할 수 있도록 도와야한다. 그러면 아이도 자신감이 생기고 부모도 보람을 느끼게 될 것이라고 말했다. 이후 승훈이 아빠는 어린이집이 끝나는 시간이 되면 승훈이를 데리러 왔다. 그날 승훈이 재능을 발견했고 승훈이가 축구를 하고 싶다고 했다. 승훈이가 어린이집이 끝나면 유소년 축구교실로 픽업 해주기 위해 오셨다. 그런 승훈이가 지금은 중학생이 되었다. 그리고 어느 유명 유소년 팀에서 선수생활을 하고 있다는 소식을 전해왔다. 나는 이런 아이들의 재능을 응원한다.

평소 부부사이에 아내가 남편의 부족한 것만 불만스럽게 얘기한다던지 반대로 남편은 아내가 잘해내지 못한 부분에 대해서만 말한다면 서로는 화가 난다. 남편에게 "당신은 하는 게 뭐야?", "당신은 완벽하냐?", "나도 할 만큼 하고 있어."라며 따지고 반감이 든다. 그러면 부부사이는 불화가 생긴다는 것은 불 보듯 뻔한 일이다.

부모와 아이 사이도 마찬가지다. 아이에게 모자란 부분만을 자꾸 들춰내서 화를 내며 말한다면 아이의 자존감은 떨어진다. 그리고 어떤 일을 자신 있게 해나가기 어렵다. 그리고 잘못한 점만 얘기하는 부모에게 반감이 들면서 부모와 아이 관계에서 불화가 생기는 것 또한 당연한 일이다. 하지만 부모가 아이를 인정하고 잘하는 부분을 칭찬하는 말을 해주고 함께 성장할 수 있도록 돕는다면 아이는 자신감에 찬 아이로 성장해나간다. 자신감이 있는 아이는 아이에게 어려운 시련과 고난이 닥치더라도 자신 있게 헤쳐나가는 힘이 생기게 된다. 그러려면 부모는 세상에 완벽한 아이란 없다는 것을 명심하며 키우자.

07

부모의 지나친 말은
아이를 무기력 하게 만든다

좋은 부모가 되려고 노력하지만 정말 어렵다. 아이에게 말할 때 나의 감정을 있는 그대로 다 표현하지 않으려고 하고 우선 내 감정을 알아차리고 나 전달법을 사용하면서 구체적으로 말하는 습관을 가지려고 노력한다. 하지만 번번이 아이와 갈등상황에서 실패를 하게 되는 경우가 많다. 나도 사람인지라 아이에게 화내고 지나치게 말을 하게 되는 적도 많다. '부모가 이래도 되는 건가?'라고 생각하기도 한다. 참 부모 역할이 쉽지 않다.

딸이 중학교 3학년 때 반에서 반장을 맡고 있었다. 담임선생님이 전화를 하셨다. 수업시간마다 잠을 자서 여러 교과 선생님들께서 "반장이 그러면 되냐?"라고 했다. 여러 선생님께서 담임선생님께 자주 얘기를 했다. 선생님은 딸을 불러서 상담했다. 딸은 "밤에 잠을 못자서 그렇다"고 대답했다.

선생님은 "왜 잠을 못자냐?"라고 물었다. 딸은 "학원숙제가 많아서 그런다."라고 대답했다. 선생님은 아이가 학원숙제로 힘들어 하고 있으니 신경 써 달라고 했다. 그리고 나에게 아이를 공부만 하게 하는 과잉엄마가 돼서는 안 된다는 말씀을 하셨다. 나는 조금 억울하기도 했다. 그리고 선생님의 전화를 받고는 이해가 되지 않았다.

중학생 딸은 예전처럼 학원에 가고 집에 와서 숙제를 하고나면 밤 11시쯤 취침했다. 밤새 숙제를 하는 모습을 본 적이 없다. 딸은 성적도 좋고 자신감이 있고 당당하게 학교생활을 하는 편이라서 별 걱정을 안 하고 키워온 건 사실이다. 딸의 사춘기가 다른 아이들보다 조금 늦게 왔다. 중2 후반이 되자 예민하게 성질을 부릴 때가 가끔은 있지만 심각하지는 않다.

그래도 이상하다는 생각으로 학원선생님과 통화를 했다. 딸이 요즘 수학숙제를 다 틀려서 온다. 학원에 와서 다시 푸느라 진도를 제대로 못 나가고 있다는 것이다. "집중하지 못하는 무슨 일이 있는지요?"라고 오히려 나에게 물었다. 학원숙제가 많아 학교서 잠을 잔다는 말을 하자 학원선생님도 요즘 조금 이상하다고 했다.

나는 학교와 학원에서 불성실한 아이 얘기를 듣게 되니 속상했다. 딸을 보자마자 "너 요즘 뭐 하고 다니길래 담임선생님이 전화 오게 만드니?"라고 말했다. 딸은 "뭐 하고 다니기는, 학교 가고 학원 가지. 내가 얼마나 힘든데?"라며 나에게 말을 쏘았다. 나는 화가 확 올랐다. "공부하는 게 벼슬이냐. 그렇게 툴툴거리게."라고 말했다. 아이는 "그만해. 피곤하다고."라고 소리쳤다. 나는 더 화를 내며 "공부하기 싫으면 때려 쳐!"라고 말했다. 아이는 그냥 방문을 닫고 들어가버렸다.

딸하고 이렇게 큰 소리를 내어본 적이 처음이다. 딸의 사춘기로 인한 갈등이 시작됐다는 생각이 들었다. 딸이 화를 내고, 문을 닫고 들어가 버리니 내 멘탈이 흔들렸다. 도저히 딸을 이해하고 싶지 않았다. 내가 '자식을 이렇게 무례한 아이로 키우다니!' 라는 생각까지 들게 되니 더 속상했고 내가 아이를 잘 못 키웠다는 생각에 자책감에 빠졌다.

그러나 나는 소파에 앉아 숨을 크게 쉬며 심호흡을 하다보니 어느덧 화가 조금 가라앉았다. 딸이 문 닫고 들어간 후 몇 시간째 방에서 나오지를 않아 궁금하기도 하고 걱정됐다. 먼저 딸의 방문을 열었다. 그런데 딸의 방문이 잠겨 있어서 문을 열 수가 없었다. 나는 큰 소리로 "문 열어."라고 말했다. 그러나 아무 반응이 없었다. 갑자기 불안하고 걱정스런 마음이 확 생겼다.

계속 문을 두드리며 아이 이름을 부르면서 "문 열어봐. 뭐 하니?" 여러 번 말을 해도 반응이 없자 나는 방문 열쇠 꾸러미를 찾았다. 방문을 열려고 하는데 괜히 손이 떨리기도 했다. 들어가 보니 딸은 교복도 벗지 않은 채로 침대에 그대로 엎드려서 잠이 들어 있었다. 한편 자고 있는 딸을 보자 안심이 됐다.

우리는 아파트 6층에 살고 있었다. 딸 방의 베란다 창문은 크고 넓다. 간혹 사춘기 아이들 중 부모와의 갈등으로 극단적인 선택을 하는 아이들도 많다는 이야기를 들었다. 딸이 문을 닫고 들어가 버린 적은 있어도 잠그는 일은 처음이다. 거기다가 인기척이 없자 나는 마음이 덜컥 내려앉으며 겁이 났다. 그런데 잠든 딸을 보자 안심이 되었다. 딸에게 지나치게 말한 점에 대해서 미안했다.

내가 만나는 부모 중에 아이를 지나치게 엄격하게 키우는 사람이 있다. 아이가 조금 칭얼대거나 실수하는 것을 용납하지 못했다. 그 부모는 아이에게 목표를 주고 목표를 달성하게 했다. 아이가 그 목표를 잘 해내지 못하는 경우 지나치게 강요했다. 대부분 그런 부모는 자신은 아이를 강하게 키운다고 착각한다. 특히 직업이 교사인 부모들이 그런 경향이 높은 편이다.

학생들을 지도하던 습관이 있어 자기 아이들을 어릴 때부터 잘 키우고 뭐든 갖추어서 학교를 보내야 한다고 생각했다. 그러다 보니 부모는 지나친 말을 하는 경우를 봤다.

특히 아이에게 지난친 기대를 하는 경우 더욱 그렇다. 다섯살 재원이는 큰아이이고 부모는 재원이에게 기대가 높은 편이다. 큰 아이가 잘 자라야 동생들도 따라 잘 클 거라고 생각했다. 엄마는 유아교육을 전공하셨고 유치원 교사, 어린이집 교사로 근무하신 경험이 많으시다. 그래서인지 재원이를 더욱 엄격하게 대했다.

아이를 어린이집에 데리러 오면 아이는 집에 가기 위해 현관에 나왔다. 재원이는 현관에서 신발을 신으려고 했다. 그런데 신발이 잘 신겨지지가 않았다. 그때 엄마는 "네가 해야지?", "엄마는 도와줄 수 없어.", "다시 해봐!"라고 말했다. 아이는 대꾸하지 않고 신발을 신기 위해 시도를 했다. 엄마는 한 번을 도와주지 않고 점점 더 강압적으로 말했다.

나는 지켜보다가 "원장님이 도와줄까?"라고 말했다. 엄마는 "원장님, 도와주지 마세요.", "이건 재원이가 해야 하는 일이에요."라고 말했다. 재원이의 신발을 보니 운동화가 너무 딱 맞는 거라서 아이가 발을 넣기를 힘들어했다. 10분 정도가 지났다. 재원이는 아예 손을 놓고 멍하니 앉아있었다. 재원이 엄마는 이번에는 화를 냈다. "그것도 제대로 못하냐. 엄마가 이렇게 하라고 하잖아." 그리고는 한숨을 연신 푹푹 내쉬면서 재원이의 신발을 신겼다.

나는 이 부분에 대해서 엄마와 상담을 해야겠다는 생각이 들었다. 재원 엄마와 마주 앉았다. 엄마에게 "요즘 힘드시죠?"라고 물었다. 재원 엄마는 "세 살 동생이 있고 현재 셋째를 임신 중이라 힘드네요."라고 대답했다. 나는 "유아교육 현장에 계시니 아이에 대해 더 잘 아실 거예요. 아이가 엄마 생각대로 안 되니 혼란스러울 거예요."라고 말했다. 엄마는 "제가 많이 알고 있어서 제 아이가 더 힘들어요. 제가 알고 있는 것을 다 해주는데 아이가 잘 따라와주지 않는 게 너무 힘들어요."라고 말했다.

나는 재원 엄마에게 "엄마의 어린 시절을 돌아보세요."라고 말했다. "공부도 잘했나요? 운동은 잘했나요? 뭐든 다 잘하는 아이였나요?"라고 물었다. 엄마는 "아니요. 저도 잘하지 못했네요."라고 말했다. 나는 "아이가 뭐든 잘해야 한다"는 생각은 지나친 부분이 있다고 말했다.

재원이는 아직 부모에게 응석을 부릴 나이이고 신발을 조금 큰 걸로 마련해주어 부모가 같이 신발 뒤를 당겨서 성공하게 도와준다면 재원이는 자신감 있는 아이로 성장할 것이라고 말했다. 그리고 재원이 입장에서 엄마에게 더 사랑받고 싶은데 동생한테 엄마의 사랑을 뺏겼다고 생각할 수도 있고 동생처럼 행동하면 엄마의 관심을 받을 거라는 생각으로 느리게 천천히 행동하고 있는지도 모른다는 말을 해 주었다.

엄마는 눈물을 흘리셨다. 처음 재원이가 태어났을 때 너무 좋았고 소중했다. 동생이 생기고 셋째가 생기면서 엄마도 힘이 부쳤다. 셋째가 태어나기 전에 재원이가 스스로 하는 것이 많아지기를 바라게 되면서 아이에게 스스로 하라고 지나치게 강요하게 됐다며 반성했다. 오늘부터 재원이 입장을 생각하며 아이를 바라보겠다고 말했다.

아이는 부모의 거울이라고도 한다. 아이가 어떤 못마땅한 행동을 보일 때는 부모는 자신을 먼저 들여다봐야 한다. 부모의 잘못된 욕망을 아이를 통해 보상 받으려고 하는 건 아닌지 생각해야 한다. 아이를 키우다 보면 지나친 기대로 몰아붙인다. 하지만 아이는 기대만큼 따라와주지 못할 때가 많다. 부모의 지나치게 관심을 주는 말이 아이에게 부정적인 감정에 빠져 들게 한다.

부모의 지나친 강요로 인해 아이는 부모를 피하거나 무기력에 빠진다. 무기력에 빠진 아이를 더욱 몰아붙이다 보면 결국 폭력을 행사하게 되는 경우가 있다. 이럴 때 아이에게서 한발짝 떨어져서 아이를 바라보고 아이의 입장이 되어보자. 또한 아이에게 화를 내면서 지나치게 몰아붙이기 보다는 부모 자신을 돌아볼 필요가 있다. 아이와 부모가 모두 힘든 육아 터널을 현명하게 지나올 수 있는 길을 부모가 선택해야 한다.

4장

아이들의

변화를

이끌어내는

엄마의

말습관

비난하거나 평가하는
상처 주는 말을 멈추자

어린이집에서는 다양한 부모 프로그램을 운영한다. 보육도우미, 행사 보조, 일일교사로 참여할 수 있도록 한다. 혹은 체육대회나 가족 소풍으로 프로그램을 마련하여 부모가 어린이집 행사에 자주 참여하여 어린이집 운영을 이해하도록 돕는다. 또한 부모는 참여를 통해 내 아이가 어린이집에 잘 적응하는지, 잘 지내는지, 어떤 친구와 노는지 부모가 직접 관찰할 기회를 갖게 되면서 아이를 키우는 데 도움을 받을 수 있다.

그래서 어린이집 프로그램에 부모님들의 참여와 관심이 높다. 어린이집도 부모참여 프로그램을 다양하게 운영하려고 노력한다. 이번 부모참여 프로그램은 아이들과 함께 체육 활동을 할 수 있도록 마련했다. 많은 부모들이 신청을 했고 정해진 시간에 어린이집을 방문하여 아이들 반에서 체육 활동에 참여하면 된다.

　예희는 여섯 살이다. 점심을 먹고 체육 활동 준비를 했다. 체육 선생님이 평균대 도구를 가지고 오셨다. 활동 준비가 되자 아이들이 교실에 앉아 있는데 밖에서 준비하고 있던 학부모님들이 들어오셨다. 아이들은 엄마가 들어오자 깜짝 놀라기도 하고 좋아하기도 했다. 아이에게는 깜짝 선물과도 같은 등장이었다. 예희 엄마도 예희 옆에 가서 앉았다.

　활동이 시작되었다. 그런데 예희 행동이 이상했다. 엄마의 팔을 붙잡더니 몸을 비비 꼬며 엄마 옆에 붙어 있기만 했다. 엄마가 아이에게 귓속말을 하셨다. 예희를 잘 앉히고는 손을 잡았다. 모두 일어서서 부모님 손을 잡고 평균대 건너가기를 했다. 한 명씩 평균대를 건너는데 예희는 일어서지 않았다. 엄마 손을 잡아끌기만 했다. 엄마는 당황했다. 이번에는 아이가 평균대 사이를 기어가며 반대편에 부모가 서 있다가 아이를 만나 손을 잡고 돌아오는 게임이다. 모두들 참여를 잘했는데 예희는 결국 건너가지 못했다.

　엄마는 예희를 데리고 교실 밖으로 나가셨다. 나는 조용히 따라 나갔다. 엄마는 예희에게 "너 정말 이럴 거니?", "왜 그렇게 하는 건데?", "엄마 온 게 싫어?", "너 이렇게 하는 거 보려고 엄마가 시간 빼서 온 거 아니잖아.", "네 친구들 봐라. 잘하잖아", "계속 이렇게 안 할 거면 엄마는 갈 거야."라고 짧은 시간에 엄마는 많은 말을 쏟아내셨다.

아이는 아무 말도 못하고 그저 다른 곳만 쳐다봤다. 나는 예희에게 "예희야, 원장님 봐봐." 하며 말을 붙였다. 그리고 "오늘 체육활동은 하고 싶지 않구나."라고 말했다. 예희가 나를 쳐다봤다. "안 하고 싶어?" 하고 재차 물었다. 예희는 고개를 끄덕였다. "원장님하고 그냥 여기서 놀까?" 예희는 고개를 끄덕였다.

예희 엄마는 "원장님, 죄송해요. 우리 예희가 평소에도 힘들게 하죠? 집에서도 가끔 이렇게 해서 제가 힘들어요."라고 말씀하셨다. 나는 괜찮다고 했다. 우선 예희가 여기서 놀고 싶어 하니 조금 놀고 나서 얘기를 나누자고 했다. 부모참여 프로그램이 거의 다 끝나갔다. 나는 예희를 반으로 보냈다.

그리고 예희 엄마와 얘기를 나누었다. "예희는 오늘 활동을 안 하고 싶은 마음이 있었나 봐요." 입장을 바꿔놓고 생각해보자고 했다. 엄마가 피곤해서 쉬고 있는데 싶은데 남편이 "밥 줘라.", "집은 왜 이렇게 어지럽냐. 청소를 지금 하자.", "아이들 데리고 나가자."라고 한다면 엄마 기분이 어떨까요?

엄마는 '나는 피곤한데….', '왜 내 마음을 몰라주지?', '자기가 하면 되잖아.' 등 이런 마음이 든다. 그런 마음을 몰라주는 남편의 말에 상처를 받고 불만스러운 마음이 생긴다. 그러면 남편에게 말이 곱게 나가지 않게 되고 결국은 남편과의 싸움으로까지 이어질 수 있다고 얘기를 해 드렸다. 마찬가지로 아이에게도 비난하거나 평가하는 말과 상처 주는 말을 멈추어야 한다고 말했다.

내가 중학생일 때는 버스를 타고 학교에 갔다. 새벽 6시쯤 엄마가 깨워주면 일어나서 밥을 먹고 도시락을 들고 7시 버스를 탔다. 그 차를 놓치면 다른 버스를 타고 가서 중간 정류장에서 버스를 갈아타서 학교에 갔다. 바로 가는 버스를 놓치면 더 힘들다. 그래서 나는 7시 버스를 놓치지 않으려고 일찍 일어났다. 그런데 요즘 아이들은 부모들이 차로 학교 앞 정문 앞까지 가서 내려주다 보니 시간 개념이 없다. 우리 딸도 마찬가지이다.

중학생 딸은 버스 간격이 길어 버스를 이용해 학교 가기가 많이 불편했다. 걸어서 가면 집에서 40~50분 걸린다. 버스를 이용하기도 걸어가기도 어중간했다. 나는 평소 출근 시간보다 10분 먼저 나가서 딸을 학교 앞에 내려주기로 했다. 바쁜 아침 시간임에도 불구하고 가족의 식사를 챙기면서 출근 준비도 하고 딸아이의 학교 픽업까지 해야 했다.

나는 아침 6시 50분에 아이를 깨운다. 딸은 일어나서 "머리가 떡졌다"고 하면서 매일 감는다. 매일 같이 젖은 긴머리를 드라이기로 말리느라 더 시간이 없다. 아침밥은 뜨는 둥 마는 둥 하고는 다시 방으로 들어가서 머리를 말렸다. 7시 30분에는 학교로 출발해야 하는데 아이는 아직도 준비 중이다.

시간이 없는 나는 먼저 챙기고 나가면서 "시간 다 됐다. 바로 내려와. 엄마는 차 가지고 올게."라고 말했다. 미리 나가서 멀리 주차된 차를 끌고 아파트 문 입구에서 딸을 기다렸다. 7시 40분이 되어도 딸이 오지 않았다. 나는 딸에게 전화를 했는데 전화도 받지 않는다. 나는 화가 났지만 차를 다시 주차했다. 차에서 나와 아파트로 올라가려고 하는데 엘리베이터에서 딸이 나왔는데 앞머리에 뽕을 세우고 나왔다.

그 모습을 본 순간 나는 "너는 전화도 안 받고 뭐 하는 건데?", "지금 시간이 몇 시인줄 아니? 제대로 나오는 법이 없어."라고 말했다. 다시 급히 차 시동을 걸었다. "걸어서 다니는 아이들도 있는데."라고 말을 덧붙였다. 아이도 화를 내면서 "어쩌라고!"라고 말을 했다.

나는 그 모습에 더 화가 났다. "무슨 말버릇이야?", "버릇장머리가 없어."라고 말했다. 아이는 "데려다 주기 싫으면 데려다 주지 말든가."라고 말을 하는 것이다.

부모가 비난하고 평가하는 말을 들은 아이는 자존심이 상한다. 입장 바꿔놓고 생각했다. 만약에 엄마가 허둥지둥하며 늦었다. 그때 남편이 "지금 몇 시인 줄 알아?", "핸드폰은 장식품이냐, 왜 전화는 왜 안 받아?", "굼벵이도 아니고 좀 빨리 나와."라고 말한다면 엄마의 기분이 어땠을까? 그리고 어떤 생각이 들까?

'기가 막힌다.', '내가 이런 말을 들으면서 살아야 되는 건가?'라는 생각이 들고 상처를 받게 되고 자존심이 상한다. 계속해서 비난하고 공격하는 말을 하는 남편에게 "너나 잘하세요.", "한번 해보자는 거야?"라고 화도 내고 반항하며 공격적인 말을 하게 된다. 딸도 엄마에게서 계속 비난, 평가하는 말을 듣게 되자 화도 내고 엄마에게 반항적인 말을 한 것이다.

사춘기 시기에 아이들은 성장호르몬의 영향으로 머리카락이 지루성이 되고 얼굴에는 여드름이 생기고 몸에도 여러 변화가 많아져 예민해진다. 딸도 지금 그런 시기이다. 그런 자신의 마음을 몰라주고 아침부터 엄마의 잔소리를 계속 듣게 되니 상처받고 반항심이 생겼다.

부모는 아이가 늦게 챙긴다고 비난하고 평가하는 말을 했다. 진정 부모가 바라는 것은 아이가 일찍 일어나서 잘 챙기고 제시간에 내려오는 것이다. 부모가 바라던 바를 아이에게 말했나요? 아이의 행동에 변화가 있었나요? 부모가 바라는 것은 말하지도 못했고 아이의 행동 변화는 일어나지 않는데도 불구하고 부모는 비난하고 평가하는 말습관을 멈추지 않았다.

습관적으로 하는 비난하고 평가하는 부모의 말습관은 아이에게 정신적인 멍을 들게 할 뿐만 아니라 아이에게 뚜렷한 변화를 줄 수 없다. 그뿐만이 아니라 아이가 비난하고 평가하는 말을 듣게 되면 부정적인 감정에 점점 빠져들게 되면서 자신감을 상실하거나 반항심이 많은 아이로 자라게 된다. 부모는 현명하게 대처할 필요가 있다.

아이와의 일상에서의 비난하고 평가하는 말습관으로 아이에게 상처 주는 것을 멈춰야 한다. 아이에게 "나잇값 좀 해라.", "그렇게밖에 못하니?", "도대체 생각이 없구나.", "바보 같구나!", "네 행동을 봐라.", "엄마 말을 듣는 거니? 안 듣는 거니?" 등은 부모가 아이에게 습관적으로 비난하고 평가하며 상처 주는 말이다. 아이에게 상처를 주는 말을 그만하고 아이의 변화를 이끌어낼 수 있는 말로 바꿔나가야 한다. 지금부터는 아이의 변화를 이끌어낼 수 있는 말습관에 대해서 함께 알아가보려고 한다. 그 전에 가장 중요한 것은 현재 부모의 말습관이 아이에게 어떤 영향을 주고 있는지에 대해 인식하는 것이 필요하다. 평상시 비난하고 평가하는 말은 아이에게 상처가 된다는 것을 거듭 인식하고 일상에서 멈추는 부모가 되자. 무엇보다도 상처 주는 말을 하는 것을 멈추는 변화가 시급하다는 것을 강조하고 싶다.

아이를 부모처럼
인격체로 존중하라

딸은 중2 때부터 아이돌인 엑소 그룹을 아주 좋아했다. 전에도 좋아하는 아이돌이 있었지만 엑소 그룹만큼 푹 빠진 것을 본 적이 없다. 엑소 아이돌이 나오는 TV프로그램 실방을 보고 유튜브 영상을 챙겨 봤다. 엑소멤버들이 광고하는 것에도 관심을 가졌다. 나는 연예인을 좋아하고 관심을 보이는 것은 나쁘다고 생각하지 않았다.

집으로 굿즈 택배가 오기도 했다. 아이는 택배 물건을 자기 방에 가지고 들어가서 뜯어보면서 갑자기 소리를 지르며 좋아했다. 좋아하는 연예인의 브로마이드를 보면서 엄청 기뻐했다. 집이 제주도여서 다행이다. 서울이나 수도권에 살았더라면 아마도 딸은 학교도 빠지면서 연예인을 쫓아다녔을지도 모른다.

내가 중·고등학교를 다니던 시절에도 연예인을 좋아해서 스타사진 책받침을 사고 모았던 적이 있다. 내 친구는 가수를 따라 노래하고 자신의 별명을 스타 이름으로 부르기도 하면서 연예인을 따랐다. 라디오 프로그램에 좋아하는 가수 노래를 신청하고 팬레터를 보내기도 하던 시절도 있었다. 그래서 어느 정도는 딸을 이해했다.

그러던 딸이 중3이 되면서 고등학교 입시로 담임선생님과 상담 통화를 했다. 선생님은 딸이 학교에서 수업시간에 잠을 자는 문제와 중간고사에서 많이 떨어진 성적에 관해 말씀하셨다. 나는 무슨 일인지 딸에게 물었다. 딸은 엑소 팬클럽에 가입해서 팬클럽에서 활동하고 있는데 스타스티커를 사다보니 자신도 한번 만들어보고 싶었다.

연예인의 사진을 포토샵으로 작업을 한 후에 스티커 시안을 팬카페에 올리니 다른 팬들이 사고 싶다고 주문이 들어왔다. 카페에 통장번호를 올리니 주문 돈이 들어오기 시작했다. 돈이 들어오니 스티커 시안을 출력한 후 밤마다 주문을 확인하고 사이즈에 맞춰서 포장하고 전국 배송을 시작했다.

밤마다 스티커를 자르고 편지봉투에 20~30개씩을 포장을 했다. 포장이 끝나면 주소를 적고 다음날 학교에 갈 때 우편물을 가지고 갔다가 학교가 끝나면 우체국으로 달려가서 부쳤다. 부모님이 이 일을 알게 될까 봐 걱정이 되어 부모님이 12시쯤 잠이 들고 나면 딸은 그때부터 일어나 스티커를 포장하고 판매하고 후기를 보고 댓글을 해주는 일을 했다는 것이다.

스티커 주문 확인하고 포장하고 배송하고를 반복했다. 이렇게 판매 사업을 계속하다 보니 밤잠이 부족해서 학교에서 잠을 자게 되고 학원 숙제는 밀리게 되고 학교 시험에도 성적이 떨어지는 안 좋은 결과가 생기게 되었다. 나는 어떻게 두 달 동안이나 모르고 있었는지 놀랍기도 하고 한편 이런 일을 한 딸 아이가 대단하다고 느꼈다.

아이에게 "너는 도대체 생각은 있는 거냐?", "누굴 닮아서 그러니?", "이러고도 무사할 줄 알았니?"라는 말을 할 수도 있다. 하지만 나는 그런 부모가 아니다. 딸의 특별함에 그대로를 인정해주고 칭찬했다. "와~ 대단하다. 네가 그런 사업을 한 것은 대단하다. 이런 생각을 어떻게 하게 된거니?"라고 말했다.

딸은 "엄마, 팬카페 활동을 하다 보니 나도 할 수 있다는 생각을 했어요."라고 대답했다. 나는 "네가 학교에서 수업시간에 잠만 잔다고 하고 성적도 떨어져서 걱정이다."라고 말했다. 딸은 "엄마 실은 나도 걱정이 돼요. 그런데 자꾸 통장에 돈이 들어오니까 스티커를 안 보낼 수 없잖아요."라고 대답했다.

나는 "그렇구나. 네가 책임감이 강하구나. 그래도 고등학교 입시가 있으니 어떻게 하면 좋을까?"라고 물었다. 아이는 "카페에다 판매 중지 글을 올릴게요. 변상을 요구하는 사람들이 있는지 알아볼게요."라고 대답했다. 나는 "그런 방법도 있구나. 엄마가 도울 수 있다면 엄마가 도와줄게."라고 대답했다. 아이는 그 일을 정리를 했고 고등학교 입시에 전념해 다시 좋은 성적을 유지할 수 있게 되었다.

내가 아이가 고등학교 입시를 앞두고 있는 상황이라서 조바심을 내고 스티커 사업을 한 것과 성적이 떨어진 일을 크게 혼냈더라면 아이는 마음의 문을 닫았을 것이다. 이후 일을 어떻게 해결해나가야 할지 몰라서 자신도 더 힘들었을 것이다. 엄마는 딸을 그대로 인정해주고 방법을 찾아갈 수 있도록 도왔다. 그러면서 아이는 스스로 문제를 해결하는 경험을 하게 됐다.

내가 아는 선생님이 있다. 우리 딸과 선생님의 딸이 같은 유치원을 다녔다. 서로 딸을 키우고 유아교육 분야에서 일을 하고 있어서 공감하는 부분이 많아서 친해졌다. 거기다가 딸이 일곱 살 때는 선생님께서 딸을 맡아주셨다. 그 인연으로 한 번씩 연락을 주고받으며 인연을 이어왔으나 아이들이 고학년이 되면서 연락이 뜸해졌다.

같은 고등학교로 선생님의 딸이 1학년으로 들어왔다. 선생님을 우연히 다시 만나게 되어 반가웠다. 따로 약속을 하고 오랜만에 만나 점심을 먹고 커피도 마셨다. 애들 키우는 얘기를 하느라 시간 가는 줄 몰랐다. 나는 선생님과 얘기를 하다 보니 다들 아이 키우기를 참 힘들어 하는구나 하고 느꼈다. 그리고 서로를 다독이고 위로했다.

선생님의 딸 윤서는 목소리가 곱고 노래를 잘 불러서 성악을 전공했다. 제주도에는 예술고등학교가 따로 없어서 일반인문계 고등학교로 진학을 했다. 성악을 전공하다 보니 성악 콩쿨 대회에 참가하는 일이 종종 있었다. 그럴 때마다 학교 수업을 빼고 가야 하는데 학교에서는 예술전공학생들을 잘 인정해주지 않았다. 특히 담임선생님과의 상담에서 상처를 많이 받았다고 했다.

학교 수업 시간을 빼려고 할 때마다 이유를 다 설명해야 하는 부분 등은 일반계 고등학교에서는 용납이 잘 안 되는 분위기라고 했다. 윤서는 1학년 들어가자마자 이런 일을 두세 번 겪고 나니 학교 다니기를 힘들어했다. 일반계 고등학교는 예술분야로 진학할 아이들을 위한 입시 교육과정이 전무했다. 일반계 고등학교 과정이 윤서에게는 무의미하다고 느껴졌다.

아직 진로를 뚜렷이 정하지 못하고 진학을 하게 된 학생들도 마찬가지로 일반계고등학교 적응을 힘들었다. 그런데 예술분야로 진로를 정하고 온 아이에게도 고등학교 생활은 힘든 건 마찬가지였다. 제주도 공교육에 문제가 있는 건 아닐까 하는 생각도 들었다. 이러나저러나 학업 위주, 성적 위주의 교육 현실에서는 아이들은 서열을 위한 경쟁 속에서 힘들 수밖에 없다는 생각이 든다.

윤서는 결국 1학년을 마치지 않은 상태에서 고등학교 자퇴를 결정했다고 한다. 아이가 자퇴를 선택했고 선생님은 윤서의 생각을 믿고 동의했다고 하셨다. 나는 선생님이 대단하다고 느꼈다. 우리 딸도 고등학교 1학년 때 자퇴를 노래 부르듯이 말한 적이 있었다. 나는 강력하게 안 된다고 했다.

선생님은 윤서의 진로를 고민했다. 일반계 고등학교에서의 졸업장은 별 의미가 없다고 판단하셨다. 윤서는 내년에 검정고시를 대비해서 혼자서 준비하겠다고 했고 지금 공부를 하고 있으며 남은 시간은 성악 레슨을 받으면서 자신의 꿈을 키워가고 있다. 그리고 내년 검정고시에 합격하고 나면 바로 성악을 전공할 수 있는 음악대학으로 수시입시를 준비하겠다고 하셨다.

나는 아이의 능력을 인정해주고 한 인격체로서 존중하며 아이의 꿈을 키워주고 있는 선생님께 존경심이 들었다. 고등학교 간판을 중시하게 생각하는 것이 아니라 아이가 가지고 있는 재능을 보고 재능을 키워줄 수 있는 선택을 했다는 것이 나에게 큰 울림이 되었다. 그 울림은 훗날 나의 둘째인 아들의 진로를 결정하는 데 큰 역할을 했다.

내 아이의 변화를 원한다면 아이를 부모처럼 인격체로 존중해야 한다.

아이가 당장 고등학교 입시를 준비해야 하는 상황이지만 스티커 사업을 한 것에 대해서는 정말 대단한 일이고 어른들도 함부로 할 수 없는 일을 아이가 했다는 생각에 칭찬을 해주었고 인정해 주었다. 아이는 자신을 인정해주는 부모의 말을 들을 때 마음이 열린다.

아이를 키우다 보면 주어진 환경에 맞춰 아이를 키우려고 할 때가 있다. 아이의 재능을 발견하더라도 지금 현실에서는 학업과 성적이 필요하니 재능을 키우는 일을 무작정 그만두라고 하게 되면 아이는 자신감을 잃게 된다. 아울러 자존감도 떨어지면서 부모 말을 듣고 싶지 않고 반항을 하게 되기도 한다. 아이를 부모의 소유물이나 스스로 판단하지 못하는 존재로 인식한다면 부모의 생각을 강요하게 되는 경우가 대부분이다.

자신이 해야 할 일을 결정하는 사람은 세상에서 단 한 사람, 오직 나 자신뿐이다.

– 오손 웰즈 –

이처럼 우리 아이들 스스로 자신이 해야 할 일을 잘 결정하고 스스로 변화할 수 있는 아이로 성장해가기를 원한다면 부모는 평소에 아이 스스로 변화를 인식하고 행동해갈 수 있도록 이끄는 말습관을 갖는 것이 필요하다.

03

부모가 아이의 불평을
들어만 주어도 효과가 있다

딸이 다녔던 초등학교는 저학년 때는 단원평가 시험만 있었다. 그 정도의 시험은 별도로 시험공부를 하지 않아도 충분했다. 4학년이 되자 딸이 다니는 학교는 기말시험만 봤다. 대신 시험범위는 한 학기 동안 배운 범위 전체였다. 다른 초등학교들은 중간과 기말시험으로 나누어서 두 번본다, 우리 딸 학교는 기말시험 한 번만 봐서 장단점은 있다.

4학년이 되니 아무래도 학업이나 성적에 대한 부담감이 생겼다. 나는 집에서 시험 범위 공부를 어떻게 지도해야 할지 난감했다. 시험대비로 문제집을 알아보기 위해 서점에 들렀다. 문제집이 중간고사, 기말고사로 나누어져 있었다. 할 수 없이 중간, 기말 두 권을 다 사왔다. 그런데 문제집 양이 일주일 내로 다 풀 수 있는 양은 아니었다. 나는 아이에게 최근 것만 공부를 해서 시험을 보자고 했다. 딸도 알았다고 했다.

딸이 기말시험을 보고 나서 집으로 왔는데 기분이 좋은지 "엄마 나 시험 잘 본 거 같아."라고 말했다. 나는 안심을 하며 "응~ 그래. 잘했네."라고 대답했다. 며칠 후에 시험 결과가 나왔는데 딸이 집에 오자마자 "에휴~ 망했어. 망했어."라고 말했다. 나는 "무슨 일이 있구나."라고 대답했다.

딸은 "엄마 나 시험 망했어."라고 말했다. 나는 "아~ 그래~"라고 대답했다. 딸은 "시험 문제가 쉬워서 잘 풀었다고 생각했는데 점수가 별로야. 우리 반에서 올백이 3명이야."라고 말했다. 나는 "시험을 잘 본 친구들도 있구나."라고 대답했다. 딸은 "시험 잘 본 줄 알았는데 속상해. 걔네는 어떻게 공부를 한 거지?"라고 말했다.

나는 "많이 기대했구나."라고 대답했다. 딸은 "그래도 평균 90점은 넘었어."라고 말했다. 나는 "그렇구나."라고 대답했다. 딸은 "그런데 정말 열심히 한 아이들도 있는데 점수가 안 좋아서 우는 친구도 있었어."라고 말했다. "나는 공부를 많이 안 했는데 이 정도면 나쁘지는 않은 점수야."라고 말했다. 나는 "그렇지~"라면서 맞장구를 쳤다.

딸은 "엄마, 다음번에는 정말로 열심히 공부해서 올백 도전해볼게요."라고 말하며 기분이 조금 나아졌는지 얼른 챙기고 학원에 가겠다고 말을 했다. 딸은 점수가 잘 안 나와서 불평불만이 있었다. 나는 그 말을 들어주기만 했다. 아이는 나와 말을 주고받게 되면서 기분이 나아졌다. 그리고는 다음에는 더 열심히 해보겠다는 다짐을 아이 스스로 했다.

아이가 시험 점수 때문에 불만이라서 엄마에게 말을 했는데, 엄마는 아이 속도 모르고 "저번에는 네가 잘 봤다고 했잖아", "그러니까 시험공부를 더 열심히 했어야지.", "공부도 안 하면서 성적이 잘 나오기를 기대하는 거 잘못이야.", "엄마도 실망이다. 너 그 정도뿐이니?" 라는 말을 아이에게 했다면 아이는 어땠을까?

아이는 불평불만이 있던 상태에서 엄마가 마음에 불을 질러 아마도 폭발상태가 되었을지도 모른다. 엄마는 내 마음을 모른다면서 마음의 문을 닫고 들어가버리게 되면 엄마는 더 답답해진다. 아이는 스스로 더 열심히 해보겠다는 생각을 하기가 어려워진다. 엄마는 다음에는 아이가 더 노력하기를 바라는 말을 할 수도 없게 되는 것이다. 결국은 둘 다 좋은 결과를 기대하기 어려워지게 된다.

아이가 화가 나거나 불평불만이 가득한 상태에서는 부모는 아이의 감정을 더욱 자극하는 말을 해서는 안 된다. 흔히 뚜껑이 열린다고 하는데 감정이 그 상태까지 가지 않도록 부모는 그냥 들어주기만 해도 슬기롭게 상황을 진정시킬 수 있게 된다. 아이의 감정 상태가 진정 되었을 때 아이는 스스로 이성적인 생각을 하거나 부모의 조언이나 생각을 받아들일 수 있는 상태가 되는 것이다. 이런 일은 부모뿐만 아니라 아이들을 지도하는 학교 교사들도 알고 있어야 하는 부분이다.

아들이 중학교 3학년 때 일이다. 체육수업에 세 명이 조금 늦게 도착했다. 선생님은 늦은 학생들에게 운동장 4바퀴를 뛰라고 했다. 아들은 친구들과 4바퀴를 힘겹게 뛰었다. 그런데 선생님이 대뜸 수업태도에도 감점을 준다고 말하는 것이다. 한 친구가 "선생님 그런 법이 없습니다." 말했다.

그리고 "수업에 지금 늦은 일로 운동장을 뛰는 벌을 받는데 또 감점을 받는 것은 이중처벌을 받는 것입니다."라고 말했다. 아들도 "저도 같은 생각입니다."라고 말했다. 나머지 한 친구도 그렇다고 말했다. 체육선생님은 "이것들이 한꺼번에 덤비네."라며 화를 냈다. 그랬더니 처음 말을 꺼냈던 친구가 "저희 입장은 억울하죠."라고 말했다.

그러면서 "처음부터 감점을 주신다고 했으면 우리는 운동장을 안 뛰어도 되는 거 아닙니까?"라고 말했다. 선생님께서는 "너희 셋, 남아."라고 큰소리로 말했다. 다른 아이들은 다 교실로 들어갔다. 애들이 다 들어가고 나자 선생님은 "이것들이 뭘 잘했다고 불만이야. 너희들~ 이번은 봐주겠어. 들어가~"라고 말하며 세 명을 그냥 교실로 보냈다. 세 명의 아이들은 억울하다며 불평불만이 가득 찬 상태로 교실로 들어갔다.

그날 저녁에 아들은 나를 보자마자 "엄마, 선생님 너무한 일이 있어." 라고 말했다. 그러면서 오늘 체육 시간에 있었던 이야기를 했다. 나는 "오. 그런 일이 있었구나."라고 대답했다. 아들은 "나는 그런 억지 쓰는 선생님은 엄청 싫어."라고 말했다. 나는 "아 그래~"라고 대답했다.

아들은 "엄마, 잘 들어봐. 만약에 선생님 아들이 학교에서 그렇게 당했다고 생각해 봐."라고 말했다. 나는 "완전 속상하겠다."라고 말했다. 아들은 "맞아. 완전 속상하고 억울하지. 왜 입장 바꿔 생각을 못하지?"라고 대답했다. 아들은 "그러니까 선생님도 잘 생각하고 말했어야지."라고 말했다. 그러면서 오늘 그 친구가 선생님께 그렇게 말한 용기가 대단했었다고 말하면서 자기도 옆에서 용기가 생겨 같이 거들었다는 것이다.

아들은 한참을 말하더니 "그런데 우리도 조금 잘못하기는 했어. 애들도 많은데 그 앞에서 선생님께 너무 강하게 말한 거 같아."라고 말했다. 나는 이때다 싶어서 "그렇지. 너희들도 잘못한 점이 있구나."라고 말했다. 아들은 "그 부분은 우리도 조금 실수한 거 같다고 아까 친구들이랑 말했어."라고 말했다.

아들은 '엄마가 나한테 관심이 있구나.'라고 생각하게 되어 더욱 세세하게 자신의 생각과 느낌을 말했다. 말하다 보니 불편했던 감정은 사라진다. 결국은 아이는 자신들의 잘못도 무엇인지 알게 되었다. 만약 부모가 아이의 말을 제대로 들어주지 않았다면 아이는 더 이상 말하고 싶지 않게 되고 마음의 문을 닫고 말문을 닫게 되는 것이다.

마음에 문이 닫히게 되면 그 상태를 보고 부모의 감정도 오르내리게 된다. 그러면 아이는 부모가 더욱 불편해지고 부담스러워지게 되는 악순환이 계속 된다. 아이가 불편한 감정을 말하는데 엄마는 "네가 잘못했네. 왜 수업에 늦게 들어가는 거니?"라고 말을 한다면 아이는 '도대체 엄마는 누구 편이야?', '내가 왜 엄마한테 이런 말을 해서 기분이 더 나쁘지.', '엄마는 나한테는 관심이 없구나!', '말해봐야 소용 없네.'라는 생각으로 더 감정이 나빠지게 된다.

이처럼 아이가 불평스러워할 때 부모는 부모의 생각은 뒤로 하고 우선 아이 감정을 받아주어야 한다. 아이와 시선을 마주치며 고개를 끄덕여주기만 해도 아이는 이해받고 있다고 생각한다. 말로 하지 않아도, 표정만으로도 아이를 바라봐주며 적당한 추임새를 해주면 된다. "아~", "정말~", "아이고 저런!", "그 다음은~", "그랬구나", "정말 대단하다~", "그다음은?" 이런 단순한 말은 아이의 부모가 아이의 말을 잘 듣고 있음을 확인하는 데 큰 도움이 된다.

부모가 아이의 말을 이렇게 받아주다 보면, 불편스러웠던 아이의 감정이 가라앉는 변화가 일어난다. 그러면서 마음이 진정이 되고 스스로 치유가 되는 느낌을 받게 된다. 부모가 말을 하기보다는, 아이가 불편해할 때는 말을 들어주도록 말습관을 바꾸어가야 한다. 아이의 변화를 바란다면 우선 부모의 말습관을 바꾸는 것이 먼저다. 한번에 바꾸기는 힘들겠지만 열심히 노력하고 반복해나가야 한다. 새로운 것이 습관이 되려면 평균 21일이 걸리고 습관이 몸에 배서 의식하지 않아도 행동으로 옮겨지기까지는 더 많은 날이 필요하다. 부모가 아이의 불평을 들어주기만 하는 말습관 노력만으로도 아이도 조금씩 변화될 수 있고 늘 소통하는 부모와 아이 관계가 이어질 수 있게 된다.

04
—

부모의 침묵이 때로는
아이에게 특효약이 된다

해마다 3월 첫 주는 신입 원아들과 반이 바뀐 아이들로 정신이 없다. 특히 세 살 나이에 어린이집에 처음 오는 아이들은 부모님과 헤어지는 것이 너무 싫어서 울고불고 난리가 아니다. 어린이집에 처음 보내는 학부모님들과는 입학 전 상담 시에 미리 시간적 여유를 빼놓으시기를 당부드린다.

왜냐하면 나는 부모가 바쁘다는 이유로 아이를 낯선 곳에 내려놓고 가는 것은 아이에게는 엄청난 불안감을 주는 일이라고 생각하기 때문이다. 아이 입장에서는 집을 떠나 첫 사회생활의 걸음을 떼는 일인데 불안감으로 시작하는 것은 앞으로의 생활에 많은 어려움을 가져올 것이기 때문이다. 우리 어른들도 불안하면 어떤 것도 눈과 귀, 머리에 들어오지 않고 그저 불안에 떤다. 아이들도 마찬가지이기 때문이다.

3월 첫 주, 세 살 아기들이 부모의 손을 잡고 어린이집에 온다. 부모들은 1~2주 정도 아이의 원 생활 적응을 위해 어린이집에 함께 등원하고 한두 시간 놀고 지내다가 집으로 돌아가는 시간을 가진다. 그러나 어떤 부모는 직장에서 휴가 내기가 어렵거나 급한 볼일이 있는 경우 적응시간을 내지 못하기도 한다.

세살 남자아이 태현이가 있다. 돌 때쯤부터 다른 어린이집을 다녔기 때문에 잘 적응할 것이라고 부모는 말했다. 교사도 알았다고 입학 전 상담을 마쳤다. 부모는 휴가 내기가 어려워서 첫날부터 아이를 어린이집에 그냥 데려놓고 가셨다. 태현이는 잘 놀았다. 10시쯤 다른 부모들이 자신의 아이를 데리고 오자 태현이는 갑자기 울음을 터뜨렸다.

교사와 부모들 모두 당황했다. 교사는 아이를 달랬다. "무슨 일이야?", "울지 말고~뚝~~", "간식 먹을까?", "배가 고픈가?" 하며 아이를 달래기 시작해도 아이는 울음을 그치지 않았다. 교사는 아직 세 살이라 언어로 표현하기 힘들다는 것을 잘 알고 있다. 너무 우는 소리가 길어져서 내가 보육실로 갔다.

태현이는 눈을 딱 감고 바닥에 앉아서 그냥 울기만 했다. 나는 아이를 다독이며 "태현이 속상하구나?", "슬프구나~?", "엄마 보고 싶구나?"라고 말을 하는데 갑자기 소리를 뚝 그쳤다. 나는 생각했다. 아이가 엄마라는 단어를 듣는 순간 울음을 멈췄다. 태현이는 오늘 어린이집에 왔는데 낯선 엄마들이 여러 명 들어오는 순간 불안감을 느꼈다. 아이는 자신을 불안감을 없애줄 엄마가 필요했다. 그래서 울기 시작했다.

나는 아이에게 말했다. "속상하구나~ 엄마 보고 싶구나. 그런데 엄마는 저녁에 오실거야. 그동안 선생님하고 밥 먹고 잘 놀고 있으라고 엄마가 말했어~" 그래도 태현이는 계속해서 울었다. 나는 "태현아 조금만 울고 울음 뚝하면 선생님이 안아줄게."라고 말하고는 태현이에게 관심을 주지 않고 침묵했다.

태현이는 조금 더 울더니 나와 교사를 한 번씩 쳐다봤다. 나는 "다 울었어?"라고 물어보며 관심을 주었다. 태현이는 다시 아까보다는 작은 소리로 울었다. 나와 교사는 다시 침묵했다. 10분 정도가 지나자 태현이의 울음 소리가 작아지더니 울음을 그쳤다.

나는 "이제는 슬픈 마음이 사라졌구나.", "잘했어. 선생님이 안아줄까?"라고 말했다. 태현이가 일어섰다. 나는 "이리와~"라고 말했다. 아이가 달려와서 안겼다.

나는 꼭 안아주며 "우리 태현이 잘했다. 엄마가 태현이 밥 먹고 잠자고 놀고 있으면 빨리 오신대. 그때까지 선생님이랑 지내고 있자?"라고 말했다. 아이는 더 꼭 안겼다. 아이는 불안해서 감정이 올라왔던 것이다. 아직 어려서 말로 표현하기가 힘들어서 불안감을 도와줄 엄마가 필요하다는 자신의 욕구를 울음으로 표현했다. 이때 교사나 부모가 잘 알아듣고 그 부분의 마음을 읽어주어야 한다. 하지만 아이가 아직 들을 준비가 되어 있지 않고 계속 운다면. 아이가 스스로 감정을 가라앉힐 시간이 필요하다. 그 시간이 바로 침묵의 시간이다.

침묵도 대화다. 갓난아기는 배가 고프거나, 몸이 아프거나 괴롭거나 혹은 기저귀가 차서 불편한 감정이 있을 때 언어로 표현하지 못하기 때문에 울음으로 대신한다. 아기를 키울 때 어떤 부모는 아이가 울기 전에 모든 것을 다 해준다. 아기가 울기라도 하면 부모는 못견뎌하며 아이의 기분을 억지로 바꾸어 주려고 애를 쓴다. 또 다른 부모는 아이가 울다가 스스로 포기해서 그칠 때까지 관심도 주지 않고 그냥 놔두고 내버려두기도 한다.

둘 다 좋은 방법은 아니다. 아기가 울기도 전에 부모가 모든 것을 다해주는 경우 아이는 스스로 하는 것을 두려워하고 예민한 아이로 자라게 된다. 또한 아기가 필요한 욕구를 해결해주지 않고 아기가 포기하여 울음을 그칠 때까지 놔두면 아기는 좌절감을 느끼고 의욕 상실이 되거나 더 고집을 피우는 센 아이로 자라게 된다. 이런 경우 부모는 둘 다 아이를 키우는 일을 힘들어하게 된다. 적절한 방법을 찾아가야 한다. 방법 중 부모의 침묵은 아이가 스스로 감정을 가라앉히는 약이 된다.

아들이 고등학교에 올라가게 되면서 영어 때문에 많이 힘들어했다. 방학 동안에 학교에서 진행되는 영어캠프에 참가하고 싶다고 했다. 나는 '집에서 가까운 학원에 가면 편할 텐데.'라고 생각했다. 하지만 아들의 결정을 존중하기로 했다. 영어캠프 입소 날 레벨테스트를 봤는데 기초반이다. 아들은 괜찮다고 했다. 중상급반에 가면 어렵기도 하고 따라갈 자신도 없었다. 그래서 기본반에서 기초를 잘 다지는 것이 좋다고 생각한다고 말했다.

나도 아들의 말에 동의했다. 아들의 영어실력이 중상위권이 되면 좋기는 하다. 하지만 나도 학창시절에 영어공부에 매달려봐서 그 어려움을 잘 안다. 특히 고등학생이 되면서는 영어가 더 어렵다고 느껴 고3 때가 되니 다른 성적을 위해 거의 영포자 상태였다. 그렇더라도 사회에 나와 외국여행을 가보면 단어만으로도 내가 필요한 것들은 해결이 됐다. 나는 아들도 입시를 위한 영어 공부가 아닌 자신의 꿈을 향한 영어 공부를 하기를 바랐다. 굳이 중상급반을 가서 힘들어하는 것보다 즐겁게 공부할 수 있는 것이 낫다고 생각했다.

영어캠프는 몇 주 동안 학교 기숙사에서 생활하면서 이루어졌다. 영어 공부도 힘들겠지만 휴대폰, 게임, 노래방, 치킨 등의 다양한 유혹으로부터도 단절된다. 대부분의 애들은 그 부분도 견디는 것이 힘들다. 영어캠프가 시작된 첫날 집에 전화가 한 번 오더니 며칠동안 전화가 없어서 걱정이 되고 있었다. 5일째 되던 날 밤에 아들한테서 전화가 왔다.

아들의 목소리에는 힘이 없었다. "하루에 단어 100개 시험 보거든. 나는 50개 정도밖에 못 맞혔어."라고 말했다. 나는 "아~ 그랬어."라고 말했다. 아들은 "엄마, 나 완전 힘들어."라고 말했다. 나는 "아고, 저런 힘들구나."라고 대답했다. 아들은 "커트라인 70개야. 통과하지 못하면 남아서 깜지 써야 돼."라고 말했다. 나는 "깜지도 쓰느라 더 힘들구나."라고 말했다. 아들은 "내가 얼마나 힘든지 알겠지?"라고 말했다. 나는 "응. 응. 힘들어서 어쩌지?"라고 말했다. 아들은 "그런데 하루하루 단어 맞추는 점수가 좋아지고는 있어. 그래서 내가 전화 못한 거야. 깜지 쓰고 내일 단어 공부하다 보면 새벽 되거든. 그러면 엄마한테 전화할 시간이 없어."라고 말했다.

나는 "그랬구나. 그래서 전화 못했구나."라고 대답했다. 아들은 "전화

자주 못해도 이해해 줘. 대신 주말에 전화할게." 나는 "알았어. 힘내고." 라고 말했다. 아들은 "어차피 내가 하겠다고 한 거니까 버텨볼게. 금요일 마다 테스트 통과한 애들은 외출 나가거든."이라고 말했다. 나는 "그랬구나. 그런 일도 있구나."라고 말했다. 아들은 "나도 다음주에는 외출 나가고 싶어. 다음주에는 더 열심히 해보려고."라고 말했다. 나는 "알았어. 믿을게. 파이팅."이라고 말하며 전화를 끊었다.

나는 아들과의 전화 통화가 끝난 후 '아들이 많이 힘들겠구나.'라고 생각하니 아들이 안돼 보이고 마음도 쓰였다. 집에서 생활하면서 가까운 영어학원에 가면 편할 것인데 사서 고생한다는 생각도 했다. 아들은 학교에서 진행하는 캠프에서 친구들과 같이 공부해보겠다는 선택을 했다. 힘들지만 그런 결정을 한 아들은 책임을 지고 있다는 생각을 했다. 그리고 다른 온갖 유혹을 견디고 있는 모습이 대견하고 자랑스러웠다. 더욱더 최선을 다해보겠다는 말을 하는 아들에게 응원을 보냈다.

아들이 힘들고 답답한 마음에 엄마에게 전화를 했다. 나는 그냥 아들의 말에 침묵하며 "아~", "그렇구나~" 하면서 들어주기만 했다. 아이는 점점 힘들고 답답했던 마음이 풀렸다. 아이를 위해 기분전환을 해주려고 하는 것보다, 어떤 해결책을 제시하는 것보다 침묵은 좋은 특효약이 된 것이다. 이 특효약은 아들의 힘듦과 답답함, 곧 뚜껑이 열릴지도 모르는 상태를 식혀주고 가라앉도록 해주었다. 여유가 생긴 아들은 자신의 바람을 말하고 최선을 다해보겠다는 용기가 생겼다. 이렇게 부모의 침묵은 아이의 불편하고 답답한 감정을 변화시킨다. 아이의 변화된 마음은 아이가 다시 일어서는 용기로 변화된다. 그 용기를 가지고 도전하는 아이로 성장해나갈 수 있다는 것이다.

05
——

독이 되는 칭찬과 약이 되는
칭찬을 구분해서 사용하라

요즘 5세 반에는 엘사 공주와 슈퍼맨 캐릭터 옷을 입고 오는 아이들이 부쩍 많아졌다. 교사들은 원장인 나에게 가정통신문에 캐릭터 옷을 입혀 보내지 않도록 당부하는 내용을 보내달라고 했다. 나는 아이들의 캐릭터 옷을 입고 오는 경우 무슨 문제가 있는지에 대해 교사들과 논의를 했다.

아이들이 캐릭터 놀이에 빠져 있다는 것이다. 그것은 특별히 나쁜 것은 아니다. 엘사 공주의 옷은 아이들이 놀이터에서 놀이할 때 불편하고 걸려서 위험하다. 그리고 조금만 더러움이 묻어도 아이들이 예민하게 굴고 친구들에게 나누어 주기를 싫어해서 친구관계에 안 좋은 영향이 있었다.

그리고 슈퍼맨 캐릭터 옷은 망토가 위험이 많았다. 여기저기 걸리기도 하고 친구들이 잡아당기기도 했다. 무엇보다도 아이들은 '번개파워' 하면서 자꾸 주먹을 뻗는 행동이 많아졌다. 아직 힘을 조절해서 근육을 사용하기는 발달상 어려움이 있다 보니 친구들을 때리거나 교구장에 부딪히는 일이 많아졌다.

부모들에게 캐릭터 옷을 입혀 보내지 않도록 협조 안내문을 보냈다. 왜 이렇게 갑자가 캐릭터 옷이 우리 어린이집에 유행이 되었는지에 대해서도 교사들과 논의를 했다. 겨울왕국 애니메이션 영화가 선풍적인 인기를 끌었다. 판매 마케팅으로 엘사 공주 캐릭터 옷이 여기저기서 판매되어 나오기 시작했다.

한 아이가 마트에서 엘사 옷을 사서 입고 어린이집에 등원했다. 교사들은 공주캐릭터 옷을 입은 모습을 처음 보자 "어머, 이뻐라.", "공주님 오셨네.", "겨울왕국에서 오셨나 봐요.", "잘 어울린다.", "우리 반에도 한번 와서 보여줄래?"라고 말했다. 교사들은 외모와 보이는 이미지에 대해서 폭풍 칭찬을 했다. 아이들은 관심받기를 좋아한다. 다른 친구들도 관심 받고 싶어서 엘사 옷을 사달라고 부모들에게 조르게 되었다.

부모들도 아이들에게 엘사 옷을 사주게 되었고 남자 아이들은 슈퍼맨, 번개맨, 스타이더 맨 옷을 입고 오게 되었다. 교사들은 "와~ 멋져!", "슈퍼맨 옷이 잘 어울린다." 등 외모와 보이는 부분에 대한 칭찬만 했다. 다른 친구들도 캐릭터 옷을 입고 온 아이들이 부러웠다. 아이들의 성화에 못 이겨 사주는 부모들 때문에 캐릭터 옷을 한두 명 입고 오더니 절반 이상의 아이들이 캐릭터 옷을 입고 오게 되어 교실이 안정적이지 못한 상황에까지 다다르게 되었다.

부모들에게 협조 안내문이 나가자 부모님들은 아이들의 안전을 위해서 캐릭터 옷을 못 입게 하기 시작했다. 문제는 각 가정에서 아침마다 캐릭터 옷 때문에 전쟁을 치르게 된 것이다. 나 역시도 아이들에게 무조건 못 하게 하는 것이 능사는 아니라는 생각이 들었다. 그래서 교사들에게 말을 바꾸자고 제안을 했다. 아이가 캐릭터 옷을 입고 왔을 때 외모에 대한 칭찬을 했기 때문에 아이들은 관심과 칭찬을 받고 싶어서 더 그런 행동을 할 수 있다고 말했다.

앞으로는 외모에 대한 칭찬보다는 행동에 대한 칭찬으로 바꾸자고 제안했다. 반에서 활동할 때 캐릭터 옷을 입고 아이에게 "공주님, 오늘 김치 반찬을 잘 먹었네요", "공주님, 친구들에게 머리띠를 빌려주었네요. 대단해요." 하고 교사는 말했다. "슈퍼맨, 거기 블록들을 잘 정리해주었네요. 힘을 써서 도와줘서 고마워요.", "번개맨, 옆에 친구를 도와주면 좋겠어요."라고 말했다.

일주일 정도 지나자 교실에 변화가 왔다. 아이들은 캐릭터 옷을 입고 왔지만 외모에 관심을 두기보다는 자신들이 어떻게 행동해야 칭찬을 받는지를 깨닫게 되었다. 그리고 캐릭터 옷을 입고 오지 않는 아이들에게는 왕관을 만들어서 공주처럼 만들어주고 왕자도 될 수 있게 해주었다. 슈퍼맨 스티커를 만들어서 가슴에 붙여주어 여자 아이들도 용감하게 친구를 도와줄 수 있도록 했다. 자연스럽게 캐릭터 옷에 대한 관심도가 떨어지면서 안전하고 생활하기 편한 옷을 입고 등원할 수 있게 되었다.

칭찬은 고래도 춤추게 한다는 말이 있듯이 부모는 칭찬은 무조건 좋다고 생각한다. 하지만 외모에 대한 칭찬이나 결과에 대한 칭찬은 아이에게 독이 될 수 있다는 것을 알고 칭찬을 해야 한다. 그러면 어떻게 약이 되는 칭찬을 해야 할까?

아이가 어릴 때에는 마트를 자주 가기가 어렵다. 그래서 가족끼리 주말에 가서 필요한 것들을 한꺼번에 사러 갔다. 이것저것 필요한 것을 사고 있는데 아이가 장난감을 보자 사달라고 떼를 썼다. 부모는 당황스럽고 난감했다. 이럴 때 부모는 우선 아이의 감정을 읽어줬다. 앞에서 배운 침묵의 대화와 불평불만을 들어주는 방법만 사용해도 아이는 떼를 쓰는 감정이 조금 가라앉았다.

아이 감정이 가라앉았다면 부모는 장난감을 사줄 수 없는 이유를 말했다. 그리고 아이가 그 이유를 이해했다면 아이를 인정해주어야 한다. 아이가 어리더라도 아이는 스스로 생각할 수 있는 존재이다. 부모는 "너는 어떻게 했으면 좋겠니?"라고 묻는다. 아이 스스로 "필요하지 않으니까 안 살래요."라고 말을 한다.

그때 부모는 "그래, 알았어. 잘했다."라고 결과에 대해서만 칭찬을 해서 끝내면 안 된다. 아이에게 구체적으로 칭찬을 해주어야 한다. "네가 필요하지 않은 물건은 안 산다고 결정했다니 대단하네."라고 칭찬해준다. "네가 그런 생각까지 하다니, 엄마는 마음이 기쁘다."라고 말을 해준다면 아이는 필요 없는 물건은 안 사기로 한 자신의 행동이 칭찬을 받을 일이라는 것을 알게 되고 이해를 받게 된다. 그리고 자신의 행동이 부모를 기쁘게 했다는 생각에 자존감이 올라간다.

어린이집 교사들에게도 아이들과 놀이할 때에 칭찬이나 격려를 많이 할 수 있도록 한다. 교실에서 아이들이 그림을 그리는 경우가 있다. 그때 "잘하네!", "엄청 잘 그렸다.", "멋지다."라고 칭찬을 한다. 아이들에게 결과에 대한 칭찬은 독이 될 수도 있다. 아이들은 교사의 관심을 받기 위해서 결과에 더욱 집착하게 된다. 그림이 완성이 잘 안되거나 마음에 들지 않게 되는 경우는 칭찬을 받지 못할까 봐 불안해하기도 한다.

그래서 아이들에게는 구체적인 행동에 대해 약이 되는 칭찬이 필요하다. "서준이가 동그라미를 크게 잘 그렸네.", "사자 색칠을 핑크로 해주어서 핑크 사자가 멋지다." 하고 구체적으로 칭찬을 해주면 서준이는 내가 자신의 행동에 대한 잘한 부분을 인식할 수 있게 된다. 그 행동을 다시 해보려고 한다.

세 살 서준이가 울고 있다. 친구 재호가 서준이 공을 빼앗았다. 서준이는 공을 뺏겨 억울하고 누군가의 도움이 필요해서 울음을 터뜨렸다. 교사들은 "서준이 왜 울어?", "누가 그랬어?", "재호가 그랬어.", "재호한테 이놈 해야겠다.", "서준이 뚝."이라고 말한다. 그리고 나서 서준이가 눈물을 그치면 "잘했어요."라고 말하면서 상황을 종료시킨다.

도대체 서준이가 무엇을 잘한 것인지 알 수 없다. 이럴 때는 둘 중 우는 아이의 마음을 먼저 읽어준다. "서준이 속상했구나.", "무슨 일이지? 선생님이 도와줄까?", "재호가 공을 가져가 버렸어?" 서준이는 고개를 끄덕인다. 재호에게 "재호도 공을 가지고 놀고 싶었구나.", "그런데 이 공은 서준이가 먼저 가지고 놀고 있었어."라고 말한다.

"재호가 말도 안 하고 가지고 가서 서준이는 엄청 슬프대." 재호는 공을 가지고 쳐다보기만 했다. 교사는 서준이에게 "재호도 공을 가지고 놀고 싶어서 그런 거래.", "재호한테 세 번만 하고 다시 주라고 말해볼까?"라고 말한다. 서준이는 끄덕끄덕 했다.

이때 교사는 아이의 행동에 대해 칭찬이 필요하다. "서준이가 재호에게 세 번 빌려줬어. 너무 착하다."라고 말을 한다. 그리고 재호에게는 "서준이가 세 번 빌려준대. 재호야, 서준이 너무 멋지지?", "서준이에게 '고마워'라고 말해보자."라고 칭찬을 해준다.

세 살짜리 아이들도 서로의 마음을 읽어주고 나면 서로에게 양보하고 배려하는 행동을 하게 된다. 이건 칭찬 받을 행동이다. 부모는 이 순간을 그냥 놔두지 말고 아이의 행동에 대한 칭찬을 꼭 해주어야 한다. 칭찬 받은 아이는 자신의 행동이 칭찬 받는 좋은 행동임을 인식하게 되고 다음에도 그런 행동을 하면 칭찬을 받는다는 것을 알게 된다. 그러면 자연스럽게 좋은 인성을 갖추며 성장할 수 있다.

부모의 칭찬은 아이를 춤추게 할 수 있다. 하지만 독이 되는 칭찬과 약이 되는 칭찬을 구분해서 사용해야 한다는 것을 알아야 한다. 결과에 대해서만 칭찬하는 독이 되는 칭찬은 아이를 더욱 불안하게, 좌절하게 만들 수 있다. 그리고 아이의 구체적인 행동 변화를 일으킬 수 있는 약이 되는 칭찬과 구분하여 사용할 수 있도록 하자.

노력한 대가에 대해
구체적으로 칭찬하라

딸은 엑소 팬클럽 카페에 가입하고 팬 활동을 열심히 했다. 집으로 택배가 계속 왔다. 무엇을 사는가 봤더니 가수의 앨범, 브로마이드도 사고 다른 굿즈들을 샀다. 처음에는 가족들에게는 좋아하는 팬이라고 하면서 관심을 보이는 정도였고 자기의 용돈에서 산다고 하니 굳이 말리지 않았다. 청소년기 아이들이 연예인을 좋아하는 일은 지극히 평범하다는 생각을 했기 때문이다.

요즘 Z세대들은 팬클럽 활동을 어떻게 하는지 나는 잘 몰랐다. 요즘 팬 카페는 문화를 주도하고 소비로까지 연결되는 기업의 마케팅 전략이 들어가면서 어마어마한 영향력을 가지고 있다. 그런 팬들의 영향력으로 키워지는 스타들도 있다. Z세대들은 자신들만의 기발한 아이디어로 기부를 하는 등의 선한 영향력을 주도하는 팬들도 많다.

나는 딸이 팬카페에서 주도적으로 활동하다는 사실을 몰랐다. 그리고 스타들의 사진을 편집해서 스티커를 판매하는 줄도 몰랐다. 처음에 딸은 마음에 드는 스타의 스티커를 사서 방에도 여기저기 붙이고 물건에도 붙이면서 관심을 두기 시작했다고 한다. 그러다 자신도 스타들의 사진을 편집해보고 싶은 생각이 들어서 포토샵을 접하게 되었다고 한다.

학원이 끝나서 집에 오면 컴퓨터를 붙들고 엑소 사진을 편집하느라 시간을 많이 썼다. 나는 사춘기 때 학업에 스트레스가 많으니 열정을 쏟을 일이 있다는 것이 오히려 다행이라 생각했다. 그러나 고등학교 입시를 앞두고 중3이 되면서 성적이 떨어지게 되었다. 학교선생님의 전화를 받고 나서야 아이와 진지한 대화를 하며 알게 됐다.

"성적이 떨어져서 걱정이야. 무슨 일이 있니?"라고 물었다. 아이는 스티커를 만들고 주문 받고 포장하고 배송하느라 잠을 못 잔다는 것이다. 새벽까지 하다 보면 잠이 부족해 학교서 잠을 자게 되어서 학업에 부담이 되고 성적이 떨어지게 됐다. 나는 이 중요한 시기에 딴짓을 하느라 성적이 떨어진 아이를 비난할 수도 있었다. 하지만 나는 내 아이에게 "와~ 어떻게 그런 생각을 했니?"라고 말했다. 기특하기는 했다.

아이는 팬활동을 하다가 여기까지 오게 됐다고 했다. 모든 것을 팬카페에 올라온 글들을 보면서 배웠다는 것이다. 그리고 학교 친구 중에 포토샵을 잘하는 친구가 있어서 포토샵을 배웠다고 한다. 배운 것을 활용해서 자신이 편집한 스타 사진을 팬카페에 올렸더니 팬들의 댓글로 주문이 올라왔다고 한다.

나는 "그러면 돈을 받았다는 거니?"라고 물었다. 딸은 계좌번호를 올렸더니 돈이 들어왔다고 한다. 나는 "학교랑 학원 가느라 바쁠 텐데 어떻게 가능한 거니?"라고 물었다. 딸은 "지난번에 엄마한테 폰뱅킹을 쓸 수 있게 해달라고 했잖아. 그리고 입출금을 문자로 받을 수 있게 신청하니 쉽게 입금 확인을 했어."라고 대답했다.

나는 아이에게 "폰뱅킹도 알고 입출금을 문자로 확인도 하고 대단하다."라고 말했다. 아이는 "엄마, 체크카드도 발급 받으면 좋을 것 같아."라고 말하는 것이다. 나는 아이가 은행거래에 대해서 알아가는 것에 대해서도 칭찬을 했다. 나는 "우리 딸 사업가네~"라고 말했다. 딸은 "엄마, 손해를 보지 않기 위해서 신청 후 어느 정도 판매예상 부수가 나오면 대량으로 주문 들어갔어."라고 대답했다.

나는 손해를 보지 않기 위해 예상 부수를 생각하는 딸의 사업 수완에 더욱 놀랐다. "그런 생각까지 하다니 정말 놀랍고 존경스럽다."라고 말했다. 딸은 판매 후기를 좋게 하기 위해 스티커 포장에 신경을 썼고 혹시라도 비에 젖기라도 할까 봐 비닐종이에 싸서 배송을 하는 노력을 했다는 것이다.

나는 딸의 그동안 포토샵을 배우기 위한 노력, 입출금을 위한 노력, 은행시스템을 활용한 점, 포장을 잘해서 고객에게 좋은 평을 듣기 위한 노력에 대해서 구체적으로 칭찬을 해주었다. 하지만 스타의 사진을 함부로 가져다 쓰고 편집해서 돈벌이에 이용하는 일은 불법이라는 사실도 알려주었다.

아이는 성적이 떨어진 것에 대한 불안감이 있었다. 그래서 언제 그만두어야 할지 고민하던 차에 나와 얘기를 하게 된 것이다. 지금 당장 판매 중지를 하게 되면 미리 주문한 사람들에게 돈을 돌려주어야 한다. 조금의 손해가 발생한다는 것이다. 나는 그 부분을 도와주겠다고 했다. 정리를 하는 데만도 한 달이 걸렸다. 아이는 고등학교 입시 준비에 최선을 다하겠다는 결심을 스스로 하게 됐다.

나는 더 늦기 전에 아이가 제자리를 찾아주어 안심이 되었다. 이후 아이는 평온한 일상을 맞는가 싶기도 했다. 딸아이는 떨어진 진도를 끌어올리고 성적을 끌어올리기 위해 애쓰느라 스트레스를 받기도 하는지 가끔 신경질적인 대화가 오고 가기도 했다. 그러나 자신의 결정한 부분에 대해 책임을 지려는 모습이 보였다. 부모도 매번 잘할 수는 없기에 참지 못해 화를 내거나 하게 되면 실수를 인정하고 아이와의 관계를 깨지 않기 위해 노력했다.

중3 학생들은 학기말 시험을 일찍 본다. 고등학교 입시에 반영하기 위해 내신 성적이 나와야 하기 때문이다. 기말 시험을 끝내고 나니 바로 고입 전 마지막 모의고사가 있었다. 모의고사를 끝나는 날도 아이는 고입시험 준비를 위해 학원으로 갔다. 시험이 연속이라 아이가 많이 안타까웠다. 아이도 입시가 곧 닥쳐서 그런지 별말 없이 학원에 갔다.

학원에 내려주고 오는데 담임선생님의 전화가 왔다. 이제는 담임선생님이 전화를 받으면 심장이 덜컥 내려앉는다. 전화를 받아보니 오늘 모의고사 결과에서 딸의 성적이 많이 올라서 칭찬해주고 싶다는 것이다. 제주도내 상위 10%안으로 성적이 올라왔다는 것이다. 딸이 열심히 하고 있는 것 같으니 칭찬을 해달라는 것이다.

나는 기분이 좋아서 춤이라도 덩실덩실 추고 싶었다. 자식이 잘한다고 하면 모든 부모는 이런 기분일 거다. 학원을 마친 아이를 태우고 오면서 아이에게 "오늘 선생님이 모의고사 결과 나왔다고 전화하셨어."라고 말했다. 딸은 지친 목소리로 "뭐래?"라고 물었다. 나는 "네가 요즘 열심히 해서 보기 좋대."라고 말했다. 딸은 "그래?"라고 대답했다.

나는 "시험이 연속이라 힘들지? 그런데 잘해주고 있어서 고맙다."라고 말했다. 딸은 "내 일인데 뭘~ 누구 좋으라고 하겠어?"라고 대답했다. 나는 "모의고사 결과가 좋게 나왔대. 선생님이 칭찬하셨어!"라고 말했다. 딸은 "어떻게 나왔대?"라고 궁금해했다. 나는 "네가 제주도 상위 10%안에 들어왔대. 잘한 거라고, 대단하다고 칭찬하시더라."라고 말했다.

딸도 엄청 좋아했다. 그리고는 "내가 문제 풀 때 신경을 더 쓰기는 했어. 원래 반복하는 거 안 좋아 하는데 성적을 높이려면 반복하면서 문제를 풀면 실수가 줄어서 그렇게도 했어."라고 대답했다. 나는 "아~ 공부 방법도 스스로 터득해가고 있구나! 엄마는 그 부분을 더 칭찬해주고 싶어!"라고 말했다. 딸은 "정말~ 그런 거야?"라고 물었다.

나는 "네가 노력했는데도 결과가 안 좋을 수도 있거든. 하지만 충분히 노력했다면 살아가면서 다른 부분에라도 분명히 도움이 되거든. 엄마는 그렇게 노력하는 모습이 더 기뻐."라고 말했다. 딸은 "엄마 말도 맞는 거 같애. 예전에 초등학교 때 시험에서 올백 맞으려고 노력했던 적이 있었어. 그때처럼 노력했던 것을 생각하면서 이번에도 했거든."이라고 대답했다.

나는 딸아이가 초등 저학년 때까지 칭찬스티커를 주며 아이의 변화를 이끌었다. 아이에게 어떤 목표를 두거나 약속을 했다. 좋은 결과를 기대했다. 아이가 욕심도 있다는 것을 알고는 해야 할 일을 완수했을 때 스티커를 주고 다 모으면 아이에게 선물을 사주었다. 그런데 아이가 선물에만 집착하는 결과가 생겼다. 아이를 키우는 또 다른 어려움이 생겼다.

나는 이때부터 아이에게 결과보다는 과정이나 노력한 점을 칭찬을 하는 습관을 갖게 되었다. 이런 부모의 습관이 아이에게는 어떤 영향을 미쳤을까? 딸아이의 집착이 없어졌고 꼭 일등으로 해야 하는 성격에 변화가 왔다. 중학교 때까지는 예민하던 친구관계가 고등학생이 되면서 많이 유해졌고 고등학교 친구들은 대학에 가서도 만나는 베프 친구들이 되었다.

결과만을 칭찬하는 부모가 아니라 아이가 어떤 노력을 했는지에 대해 구체적으로 칭찬을 하는 부모가 되자. 칭찬은 고래도 춤추게 한다는 말을 잘 알고 있지만 부모들은 칭찬하는 방법을 잘 모른다. 하지만 아이와 가장 가까운 사람은 부모다. 다른 사람은 아이의 결과만 보고 아이를 판단하기도 한다. 그러나 부모는 달라야 한다.

결과에 대한 칭찬만 하는 습관을 버리고 아이가 어떤 노력을 하고 있는지에 대해 칭찬을 해야 한다. 이 칭찬이 아이의 생각과 행동을 변화시킨다. 그리고 자신의 노력이 당장 결과로 나타나지 않아도 상처받지 않는다. 아이는 커가면서 다른 목표를 향해갈 때 그때의 노력을 생각하며 다시 도전하는 아이로 성장해갈 수 있기 때문이다.

07

아이의 감정을 있는 그대로
받아주고 느끼도록 하라

어린이집에서 자녀의 감성능력 키우기에 대한 주제로 부모교육을 준비했다. 여러 가지 내용 중에 내 아이의 감정을 있는 그대로 받아주고 느끼도록 하라고 알려주었다. 부모들은 아이의 감정을 있는 그대로 받아주어야 하는 것을 제대로 이해하지 못하기도 한다. 그래서 무조건 다 받아주어야 하는 것으로 받아들이는 경우가 있다.

아이가 해달라고 하는 것을 무조건 다 해주는 부모들이 있다. 이런 경우 아이가 커가면서 자기 마음대로만 하려고 하고 이기적이며, 아이의 고집이 세질 대로 세진다. 부모는 이러지도 못하고 저러지도 못하면서 아이를 키우기 힘들다고 아우성을 친다. 결국은 부모는 아이 키우는 기쁨을 잊은 채 부모는 힘이 든다고 만 말한다.

　교육을 받고 나서도 이해하는 부분이 다 다르다. 부모들은 아이의 감정을 있는 그대로 받아주고 느끼는 방법을 몰라 헤맨다. 나 역시도 감정을 그대로 받아주고 느끼는 방법을 잘 몰랐다. 그래서 나는 감정카드를 만들어놓고 연습했다. 시중의 서점에 가서 살 수도 있고 인터넷에 찾아보면 감정 단어에 대한 정보가 많다. 그것을 활용해도 좋다.

　내가 감성공부를 할 때 나는 아이들과 많이 생활하는 공간에 감정카드를 놔뒀다. 저녁때 밥을 먹으면서 오늘 하루 중 기분 좋았던 일, 나빴던 일, 행복했던 일, 불안했던 일을 아이들과 내가 번갈아가면서 이야기를 했다. 그리고 감정카드를 활용해서 오늘의 기분을 표현해보는 것도 나의 감정을 아는 것부터 시작했다.

　다른 방법으로는 아이들과 둘러 앉아 감정카드를 펼친다. 오늘 느낀 일중에 해당하는 감정 단어를 두 개를 꺼내서 말을 해본다. 예를 들어 나는 '지루하다'와 '기쁘다' 감정 단어를 꺼낸다. "오늘 회사에서 교육을 받았는데 너무 지루했어. 그런데 지금 너희들과 게임을 하니 너무 기뻐."라고 말했다.

　이번에는 아들이 '우울하다', '홀가분하다' 단어를 꺼냈다. "오늘 수학문제가 너무 어려워서 못 풀어서 우울했다, 하지만 숙제를 다 마쳐서 지금 홀가분하다."라고 말했다. 나는 감정카드로 게임을 하면서 아이의 기분

이나 생각을 알 수 있어서 좋았다. 이렇게 스스로의 감정을 이해하는 것
은 어려서부터 부모의 감성능력으로 습관적으로 형성되면 좋다.

갓난아기가 태어나서 울음을 터뜨린다면 부모는 우선 갓난아기의 욕
구가 무엇인지를 파악해야 한다. 아기가 울 때 부모는 "배가 고파서 우는
구나!", "아파서 우는구나!", "무서워서 우는구나!", "불편해서 우는구나!"
라고 말한다. 아이의 우는 이유나 상태를 그대로 받아주고 느낄 수 있어
야 한다.

특히 갓난아기인 경우는 부모는 아기의 욕구를 바로 해결해주어야 한
다. "기다려, 엄마가 우유 줄게.", "조금만 참아보자.", "여기가 불편하구
나. 자리를 옮겨볼까?", "엄마가 기저귀를 갈아줄게.", "병원에 가면 괜찮
아질 거야."라고 말한다. 아기는 곧 자신의 욕구나 감정이 해결될 것임을
알게 된다. 아울러 기다리기, 참기, 양보하기 등의 인성적인 부분에 대한
경험도 하게 된다.

부모가 아기의 필요한 욕구를 해결해 주고나면 아기에게 "기분이 좋지
~", "편안하지~", "시원하지~", "엄마가 도와주서 고맙지~"라고 말한
다. 지금의 아이의 기분이나 느낌을 감정언어로 받아주는 말을 해준다면
아기는 차츰 자신의 상태, 기분, 느낌을 감정으로 이해할 수 있는 아이로
자라게 된다.

그러나 아이의 감정을 그대로 받아주지 않고 "엄마 힘들어.", "또 우냐?", "지긋지긋하다.", "도대체 왜 우냐?", "아까 우유 먹었잖아?"라고 말하는 습관을 가진 부모들이 있다. 아기는 욕구 해소가 되지 않으니 계속해서 울음을 터뜨린다. 또는 울다가 지쳐서 포기하게 된다면 아이는 현재 자신의 기분이나 상태를 감정언어로 이해하기 어려워진다.

자신의 감정을 잘 이해하고 받아주는 부모 밑에서 자란 아이들은 자신의 감정을 잘 이해하고 감정조절도 잘한다. 또 다른 사람의 감정을 잘 이해하므로 친구관계에서 인기도 많고 행복한 인간관계를 맺는다. 그러나 자신의 기분이나 느낌이 나쁘면 이유도 모른 채 짜증을 내고 상대에게 화를 버럭 내는 아이인 경우 원만한 친구관계를 맺기 어렵고 학교생활이 즐겁지 않다.

만약에 아이가 친구를 때리며 싸워서 친구의 안경까지 부러뜨렸다고 선생님께 전화를 받았다면 부모는 아이에게 "화가 났구나.", "친구를 때리고 싶었구나.", "엄마한테 혼날까 봐 불안하구나."라고 먼저 아이의 감정을 있는 그대로 느끼고 받아주어야 한다. 그런 말을 들은 아이는 자신의 기분을 알아주니 부모에게 편안함을 느낀다.

그런 다음 부모는 아이에게 "무슨 이유가 있는지 궁금하다.", "말해줄수 있니?", "엄마가 어떻게 해주면 될까?"라고 물어봐 주어야 한다. 아이의 감정 이유를 물어보면 아이도 생각을 하게 된다. "친구가 놀려서 화가 났어.", "내 연필을 가져가서 속상했어."라고 이유를 말하게 된다. 부모는 아이의 감정이 왜 그랬는지 이해할 수 있게 된다.

부모는 "그런 일이 있어서 화가 난 거구나.", "그래서 친구를 때렸구나."라고 감정을 더 받아주고 느껴지게 된다. 또한 부모는 "엄마한테 말하고 나니 기분이 어때?"라고 묻는다. 아이는 "화나는 마음이 사라졌어요.", "엄마가 혼낼까 봐 걱정했는데 다행이에요.", "친구가 아팠을 거 같아요."라고 말하게 된다. 아이는 화가 나고, 친구를 때리고 싶고, 엄마에게 혼날까봐 불안했던 마음에 변화를 느끼게 된다. 그리고 친구가 아팠을 거라고 친구를 공감하는 마음으로 변하게 된다.

밤 11시쯤에야 고등학생 딸을 학원에서 데리고 왔다. 아이는 집에 오자마자 방으로 들어갔다. 조금 있다가 나와서는 "잠깐 밖에 나갔다 와야겠어."라고 말했다. 나는 "이렇게 늦은 밤에 무슨 일이니?"라고 물었다. 딸은 "친한 친구가 아빠랑 싸웠대."라고 말했다. 나는 "그런일이 있구나."라고 말했다. 딸은 "응. 그런데 지금 집 나왔다고 해서." 나는 "친구 걱정이 많이 되는구나."라고 말했다.

나는 딸이 친구를 걱정하고 공감하는 마음이 기특했다. 딸은 "지난번에도 그 친구가 아빠랑 싸웠는데 친구 아빠는 말이 안 통해. 그때도 아빠한테 한 대 맞았어."라고 말했다. 나는 "저런 그런 일도 있구나. 엄청 심란하겠네."라고 대답했다. 딸은 "오늘도 싸워서 지금 집 나왔대."라고 말했다. 나는 "이번에도 어떻게 될까 봐 완전 불안하구나."라고 말했다.

딸은 친구 집이 가까우니까 일단 만나서 얘기를 들어봐야겠다면서 잠깐 나갔다 오겠다는 것이다. 나는 알겠다고 했다. 친구가 있는 곳까지 차로 데려다 주었다. 밤 12시가 가까워졌는데 딸이 들어오지를 않아서 걱정이 되었다. 딸에게서 전화가 왔다. 나는 "어떻게 됐니?"라고 물었다. 딸은 "친구가 울기만 해."라고 대답했다. 나는 "친구가 무서운가 보구나."라고 말했다.

딸은 "친구만 놔두고 갈 수가 없어."라고 말했다. 나는 "친구가 많이 걱정되는구나."라고 대답했다. 딸은 "엄마, 애를 우리 집으로 데리고 가도 돼?"라고 물었다. 나는 밤이 늦고 해서 다른 곳보다는 우리 집이 안전하다고 생각했다. 얼른 "괜찮아. 데리고 와."라고 했다. 조금 있다가 딸은 친구와 같이 집으로 왔다. 딸의 친구에게 엄마가 걱정하고 있을 테니 친구집에 있다고 문자를 보내고 들어가서 쉬라고 했다.

딸이 사춘기가 들면서 너무 이기적이라고 생각했다. 내가 화가 나는 것은 모든 것이 달라진 딸의 태도 때문이라고 말한 적도 있다. 부모로부터 이런 소리를 들은 딸은 나와 점점 마음의 문을 닫아 소통이 되지 않았다. 딸과의 전쟁이 하루가 멀다 하고 일어나게 되어 정말 많이 힘들었다. 소통뿐만 아니라 공감도 되지 않았다.

서로 이해하기 힘들다고 말하고 딸에게 너무 이기적이라고 말을 퍼부었다. 이런 말들은 절대 딸의 변화를 만들어주지 않았다. 오히려 가족들과 점점 멀어지고 서로 소통이 안 되고 상처만 남게 되었다. 우리는 둘 다 자존감이 떨어지고 있는 것을 느꼈다. 어느 날 나는 딸과의 관계를 변화시키고 싶었다.

나는 좋은 부모가 되고 싶었다. 아이와의 관계를 변화시키기 위해 대화하는 방법과 감성에 대한 공부를 하게 되었다. 그러면서 부모도 성장해야 한다는 것을 크게 깨닫게 됐다. 나부터 변화해야겠다는 의식이 중요함을 알게 됐다. 그래서 아이를 많이 이해하고 존중하며 가르치려고 노력했다. 특히 부모가 아이의 감정을 있는 그대로 받아주고 느끼도록 하는 습관을 제일 먼저 바꿔나가야 한다고 생각하고 실천했다. 이런 나의 변화가 딸에게도 변화를 보이게 했다. 딸은 친구의 어려움을 공감하고 함께 걱정할 수 있는 사람으로 성장해가고 있었다. 나는 딸아이가 친구를 도우려고 하는 모습을 보면서 부모로서 큰 보람을 느꼈다.

08

두 아이를 편애하지 않고
공평하게 대하라

나는 두 자녀를 낳고 키웠다. 큰애는 딸이고 둘째는 아들이다. 부모로서 딸과 아들을 골고루 슬하에 두었다는 것은 성공한 것 같았다. 그러나 성별이 다른 아이를 키우는 것은 늘 새로운 문제를 푸는 것처럼 나를 헤매게 만들고 어려웠다. 딸을 키우는 일은 내가 엄마가 처음이라서 힘들었다. 아들은 둘째라서 심적 부담은 적었지만 아토피로 몸이 건강하지 못해 키우는 동안 애를 많이 먹었다.

딸은 키도 크고 말도 잘하고 행동도 빨랐다. 4세에 유치원에 다닐 정도로 또래보다 뭐든 빠른 편이었다. 거기다가 어찌나 걸음을 빨리 떼는지 돌잔치 때는 연회장을 너무 뛰어다닐 정도였다. 뭐든 빨리 배우기도 하고 똑똑하기도 하고 고집도 있고 당차기도 했다. 나는 딸의 초등학교에 입학식 날 하루만 같이 갔다. 이후 딸은 첫날부터 혼자 등교하겠다고 할 정도로 자신감이 가득 찬 아이였다.

나는 딸이 첫 아이라서 그런지 이것저것 해주고 싶은 것도 많았다. 아기가 태어나자마자 책 전집을 사주고 아이에게 좋다는 교구를 구입해서 아이 교육에도 열을 올렸다. 아이에게 필요하다고 생각되면 아이가 원하기도 전에 미리 사주는 엄마였다. 허용적인 엄마였던 적이 있었다. 그러다 보니 아이는 자기 주장이 강하고 고집이 세고 이기적인 아이로 자랐다.

세 살 터울 남동생이 있다. 아들은 분유를 먹고 나면 자꾸 게우는 일이 많고 낮잠도 30분밖에 안 잤다. 이유 없이 밤에 울기 시작하면 두세 시간을 울었다. 귀부터 시작하더니 목, 팔, 다리가 접히는 부분이 빨갛게 올라오는 아토피로 아주 고생이 심했다. 약초 달인 물로 목욕을 시키고 피부에 좋다는 오일을 발라주어도 소용이 없었다. 자꾸 더 긁기 시작하더니 상처와 염증이 반복이었다. 밤마다 긁어대기 시작하면 몇 시간동안 잠을 잘 수가 없었다. 아들은 키도 작고 아토피를 달고 살아서 늘 걱정이 되었다.

나는 아들을 키우게 되면서 딸과는 많이 다르다고 느꼈다. 아토피로 고생하는 아이를 보니 건강이 중요하다는 생각을 했다. 그래서 아이를 편안하게 해주어야 된다는 생각에 아들은 옷, 먹거리, 침구 등에 신경을 많이 썼다. 그리고 밤에는 긁어줘야 해서 내가 옆에서 같이 재우곤 하며 키웠다.

딸과 아들이 동시에 한국사능력검정시험을 준비하게 되었다. 딸이 먼저 한국사시험을 한번 봐보고 싶다고 했다. 딸은 중학생이었다. 나는 중학생이니 기본시험을 보기는 너무 쉬우니 중급 정도의 3, 4급 시험을 준비 했으면 한다고 제안했다. 딸도 한국사시험에서 초등학생들도 많이 본다는 것을 알고는 중급을 준비하겠다고 했다.

나는 아들에게도 권유를 했다. "누나가 한국사 시험을 본다고 하니 너도 해보는 것이 어때?"라고 물었다. 아들에게는 제일 기본인 6급 준비를 제안했다. 아들도 국사 과목을 좋아하니 해보겠다고 했다. 둘 다 한국사 시험을 위해서 문제집을 사주고 스스로 공부를 해서 도전해보자고 했다.

딸은 혼자서 한국사 시험공부를 했다. 나는 아들의 시험 준비를 도와주었다. 누나보다는 시험을 봐 본 경험이 없어서 한국사 시험 문제집에 날짜별로 공부할 곳을 다 써주었다. 그리고 집에 와서 문제를 풀면 나는 채점을 해주고 오답 체크를 해주었다. 시험 전날에는 시간을 체크하면서 풀어보기와 OMR카드 적는 연습까지 해주었다.

시험 전날에 딸아이가 방에서 나오더니 나에게 "엄마는 동생만 좋아해."라고 말했다. 나는 "아니야, 엄마는 둘 다 좋아해."라고 말했다. 딸아이는 "엄마는 맨날 동생만 챙기잖아. 혼자하게 놔둬."라고 말했다. 나는 "너는 엄마 없이도 잘하잖아."라고 대답했다. 딸아이는 "나도 엄마가 필요하다고 한 번도 안 챙겨주고."라고 말했다. 나는 "얼른 들어가서 내일 시험 준비나 잘 하렴."이라고 말했다.

다음날 아이들을 데리고 시험장에 갔다. 딸은 고사장 확인도 알아서 하고 시험장으로 혼자 들어갔다. 아들은 내가 직접 데려다 주고 나서야 안심이 되었다. 고사장 밖에서 기다리는 동안 어제 딸아이가 한 말이 마음에 걸렸다. 늘 동생만 챙겨준다고 서운하고 자기는 사랑을 덜 받는다고 생각하는 거 같았다.

저녁때 딸에게 말했다. "어제 엄마가 미안해. 네 맘도 몰라주고 핀잔을 줬어."라고 말하며 어제 일을 사과했다. 딸은 "엄마는 동생만 좋아하잖아."라고 대답했다. 나는 가족 앨범을 꺼내왔다. 앨범을 보며 말했다. "네가 아기였을 때, 엄마랑 아빠랑 너를 엄청 예뻐했어." 딸아이가 태어나서 부모가 안아주던 사진부터 쭉 보여주었다.

사진 속 누나는 동생을 엄청 귀여워하고 안아주는 모습도 있었다. 누나는 동생이 아팠던 때의 사진을 보더니 "동생이 아파서 엄마가 맨날 잠도 못 자고 힘들었지?"라고 말했다. 나는 "저런, 다 기억하고 있구나."라고 말했다. 딸은 "매일 긁어줘야 잠잤잖아. 솔직히 나도 동생이 걱정되기는 해."라고 말했다. 나는 "너도 동생이 걱정이 됐구나."라고 말했다.

딸은 "그래서 엄마가 도와준 거잖아. 내 걱정은 마세요."라고 말했다. 나는 "동생이 어려서 조금 더 돌봐주는 거야. 네가 스스로 잘해주니 엄마가 든든해."라고 말했다. 딸은 "알았어요."라고 대답했다. 나는 "네가 이해해주니 기쁘다. 그리고 엄마는 너희 둘을 똑같이 사랑하거든."라고 말했다. 딸은 동생을 걱정하는 마음이 있었는데 서운하기도 했었다. 엄마의 말로 서운하고 걱정됐던 마음의 변화를 느꼈다. 이후에도 두 아이를 키우면서 아이들은 엄마가 상대방을 더 사랑한다고 말할 때가 있다. 그럴 때마다 나는 두 아이를 공평하게 사랑한다고 말했다.

5세 반 실외놀이 시간이었다. 시혁이가 울음을 터트렸다. 교사는 시혁이에게 "시혁이 많이 아프구나~"라고 물었다. 시혁이는 "준우가 밀었어요."라고 말했다. 교사는 준우를 불렀다. 준우는 미끄럼틀을 타려고 계단을 올라가고 있었다. 교사는 준우에게 "시혁이가 넘어져서 아파서 울었어."라고 말했다. 준우는 말이 없었다. "준우야, 선생님께 하고 싶은 말이 있니?"라고 물었다. 준우는 갑자기 울음을 터트렸다. 교사는 "준우도 울고 싶구나. 다 울고 나면 왜 울고 싶었는지 말해줄래?"라고 말했다. 조금 후에 준우가 울음을 그치고 말했다. 준우가 타고 있던 자전거를 시혁이가 빼앗아서 준우는 화가 났다. 그래서 시혁이를 밀었다.

교사는 두 아이를 불렀다. 시혁이에게 "준우 얘기를 들어 보니 네가 자전거를 빼앗았다고 하네."라고 말했다. 시혁이는 말이 없었다. 교사는 시혁이에게 "자전거가 타고 싶었니?"라고 물었다. 시혁이는 고개를 끄덕였다. 교사는 "준우야, 시혁이가 자전거를 타고 싶었나봐."라고 말했다. 준우도 고개를 끄덕였다. 교사는 시혁이에게 "네가 자전거를 타고 싶으면 어떻게 해야지?"라고 물었다. 시혁이는 "빌려줘."라고 말했다. 교사는 "시혁아, 잘했어 그렇게 말하는 거야."라고 해주었다. 그리고 준우에게 "시혁이가 '빌려줘.'라고 말하네, 그러면 준우는 어떻게 할 거야?"라고 물었다. 준우는 "알았어."라고 대답했다. 교사는 "그래, 앞으로 그렇게 하면 되겠다."라고 말을 해주었다. 아이 둘은 서로 불편하고 화났던 마음이 풀려 서로를 이해하고 양보하게 되었다.

평소에 집에서도 이런 상황이 많이 일어난다. 두 아이가 이런 상황일 때 부모나 교사들은 울음을 터뜨린 아이의 편을 들거나 그 아이의 이야기에 집중하다 보면 다른 아이를 나무라게 되면서 자신도 모르게 상처를 주게 된다. 이런 상황에서는 부모는 두 아이를 공평하게 대해야 한다.

어떻게 공평하게 대해야 하는지를 살펴보자. 두 아이 중에 울거나 화가 더 많이 나 있는 감정의 홍수상태에 빠진 아이의 감정을 먼저 읽어준다. 그 아이의 감정이 진정되었다면 감정이 생긴 이유를 물어본다. 다른 아이 때문에 생긴 감정이라고 말한다. 그렇다면 그 아이 편을 들거나 다른 아이를 혼내서는 안 된다.

감정의 이유가 된 아이를 불러서 공평하게 다른 아이에게도 그럴 만한 이유가 있는지 물어봐야 한다. 다른 아이도 한 인격체로서 존중받아야 하기 때문이다. 자기만의 이유가 있을 것이기 때문이다. 이렇게 두 아이의 감정을 받아주고 느껴주고 입장을 들어봐야 한다.

그다음에는 그 일을 어떻게 해결해나갈지에 대한 질문을 두 아이에게 공평하게 물어봐주어야 한다. 아이들 각자가 해결방법을 말했다면 그 방법이 괜찮은지에 대해서 다시 두 아이에게 물어봐주어야 한다. 부모가 두 아이를 공평하게 대함으로서 둘 다 상처받지 않고 둘 다 존중받고 있다고 느끼게 된다. 그러면서 아이들은 마음의 변화를 가져올 수 있게 되고 행동의 변화를 가져오게 되는 것이다.

5 장

부모의

말습관이

행복한

아이를

만든다

01
—

부모의 변화된 말습관이
아이의 미래를 바꾼다

전국적으로 저출산으로 인한 인구 감소 문제는 심각하다. 제주 지역도 인구 감소를 피할 수는 없다. 20~30대들은 결혼과 출산에 대한 인식 변화로 결혼할 생각이 없다. 결혼을 하더라도 출산을 하지 않는 사람도 많다. 이런 점들이 인구 감소를 더욱 가속화하고 있는 현실이다. 전국적으로 혼인하는 건수가 줄고 사망자가 출생자보다 많아져 인구 감소는 시작되었다. 제주의 인구 전망도 밝지는 않다. 특히 제주의 Z세대들의 탈 제주현상이 두드러지게 나타나고 있다.

우리 집에도 Z세대가 둘이다. 특히 딸은 제주도에서는 자신이 하고 싶은 방송 일을 하기에는 기회가 적고 경험을 쌓을 수도 없다며 서울서 살고 싶어했다. 재수의 고배 끝에 서울에서 대학을 다니고 있다. 아들은 자신이 하고 싶은 일을 위해 대전에 있는 대학을 선택했다. 이 둘만 봐도 제주를 떠나고 싶어 하는 20대들이 많다는 것은 어쩔 수 없는 일이다.

딸은 고등학생이 되자마자 서울에 있는 대학에 가고 싶어 했다. 딸이 1학년 때 세월호 사건으로 목숨을 잃은 많은 아이들을 봤다. 그러다 보니 내 아이들과 제주에서 같이 살고 싶다는 생각을 했다. 그래서 도내에 있는 대학에 다니기를 바라는 마음이 있었다. 하지만 아이들은 그럴 마음이 없었다. 결국 아이들은 둘 다 각자 원하는 곳인 서울과 대전에서 각각 공부하고 있다.

딸은 내신 성적이 안 좋았고 부모는 대학입시를 잘 이해하지 못했다. 딸이 최선을 다하지 않는다고 생각하면서 갈등은 생기기 시작했다. 거기다가 딸은 연예인을 좋아해서 도내 대학축제를 야간 자율학습을 빼면서 쫓아다녔다. 마음이 콩밭에 가 있으니 공부에 집중이 되지 않는다는 생각이 들자 딸과의 갈등이 점점 더 심해졌다.

딸은 고1 여름 방학쯤부터 고등학교를 그만두고 싶다거나 학교를 왜 다니는지 이해가 안 된다는 말을 입에 달고 살았다. 그런 아이를 말로 이끌어보려고 했으나 소통이 되지 않고 지나친 핸드폰 사용 문제와도 겹쳐 아이와의 냉전으로 갈등이 점점 힘들어졌다. 아이와의 문제로 앞이 보이지 않는 안개 속을 걷는 기분이었다.

　주변 아는 분의 소개로 부모-자녀 대화법을 듣게 되었다. 3시간씩 6주에 걸쳐져 이루어지는 과정이었으나 제주도라는 특성상 3일에 걸쳐 과정을 다 듣게 되었다. 첫 시간에 나의 일상 대화 점검에서 나는 크게 반성했다. 내가 평소에 아이와 말을 많이 한다고 생각했다. 그런데 나는 아이를 가르치려는 일방적인 말투만 많이 사용하고 있었던 것이다.

　보통 교사 직업을 가진 부모들이 이런 실수를 많이 한다. 나는 아이를 잘 키우려다 보니 지나친 열정으로 가르치려고만 했다. 아이가 어렸을 때는 아이도 그냥 받아들인다. 아이가 사춘기에 접어드니 먼저 이해받지 못하고 그저 가르치려고만 하는 부모에게 상처를 받고 마음의 문을 닫게 된다.

　아이를 나의 소유물로 잘못 인식하고 내가 책임지고 가르쳐야 한다는 생각을 했다. 아이가 실수하거나 부모를 존경하지 않는 행동을 했을 때 아이를 패륜적이라고 생각을 하며 가르치려 했다. 아이가 따라와주지 않자 아이가 함부로 행동하며 나에게 상처만 준다고 여겼다. 내 기준에 맞추기 위해 아이를 이끌려고만 말하고 행동했다.

　존중에 대해 배우면서 아이도 한 인격체로서 존중받아야 한다는 것을 알게 되었다. 아이를 많이 칭찬해주고 아이가 어떤 행동을 했을 때는 그 아이의 입장이 되어서 충분히 그럴 수 있다는 공감을 하게 됐다. 아이에 대한 존중도 알게 되었지만 남편과의 관계에서도 남편을 존중해야 한다는 것을 알게 되었다. 나도 완벽하지 않은 사람이면서 남편과 아이에게는 완벽함을 요구하는 엄마이고 아내였던 내 자신을 반성하게 되었다.

차츰 아이에게 어떻게 말해야 하는지를 알게 되었다. 아이를 공감하고 존중하며 어떤 생각을 가지고 있는지 물어봐주었다. 그리고 나의 말습관도 아이 스스로 문제나 상황을 인식할 수 있도록 하고 해결책도 아이가 내놓을 수 있도록 하는 것으로 변하게 되었다. 하루아침에 싹 변하기 힘들었다. 평상시 내 위주로 말하는 습관이 있는 내 말을 고쳐 나가기란 쉽지 않았다. 하지만 다시 되돌아보기를 하면서 조금씩 변화해나갔다.

이때쯤 아들은 중1이었다. 중학생이 되면서 영수학원에 보냈다. 그 학원은 시험 때가 되면 추가로 비용을 내면 전 과목 시험 범위를 봐준다. 내가 신경 쓸 필요 없이 학원에서 다 해준다고 하니 학원에 그냥 아이를 맡겼다. 아이의 의견을 물어보지도 않고 학원에 가도록 했다. 아이도 처음에는 학원에 잘 다녀주었다.
하지만 아들은 이곳 선생님과 잘 맞지 않았다. 학원 선생님은 학생들의 성적을 높이려는 열정이 있었다. 늘 숙제 양을 과하게 주었다. 숙제를 다 하고 가면 학원에서 채점을 한 후에 다시 학원선생님이 문제를 주면

풀고 채점하기를 반복하는 학원이었다. 조금 느린 편인 아들은 이곳에서 빨리 풀지 못해서 스트레스를 엄청 받고 있었다.

아들은 집에 와서는 엄마와 누나의 갈등이 깊은 것을 알고는 자신의 어려움을 쉽사리 말을 못 하고 마음에 담아두고 있었다. 내가 아이의 마음을 읽어 줄 만큼의 변화가 있을 때 쯤 아들도 용기가 생겼던 것 같다. 나한테 진지하게 말을 꺼냈었다. "엄마, 얘기 좀 할 수 있어?"라고 말했다. 나는 "응. 무슨 일이 있니?"라고 물었다.

아들은 "실은 학원 다니기가 싫어."라고 말했다. 나는 "학원을 다니기가 싫구나. 무슨 일 때문인지 말해줄 수 있니?"라고 물었다. 아이는 너무 열정적인 교사에게 숨이 막힌다고 했다. 쉴 틈도 주지 않고 문제를 끝내면 또 주고 끝내면 또 주고 한다는 것이다. 거기다가 아들이 문제를 늦게 풀면 "아직도 못 풀었냐? 너는 도대체 언제 다 풀거냐? 네 강아지가 풀어도 이것보다는 빨리 풀겠다." 등의 말을 한다는 것이다.

아들은 그런 말에 상처가 쌓였고 마음이 많이 힘들다고 했다. 나는 아들이 상처를 많이 받았는데도 말도 못 한 것 같아서 미안하고 안타까웠다. "그랬구나. 엄마가 제대로 몰라서 미안하구나."라고 말했다. 아들은 "엄마가 누나랑 안 좋아서 말을 못했어. 내가 더 참아보려고 했는데 힘들어."라고 말하는 것이다.

나는 "네가 정말로 힘들구나. 알았어. 그런데 엄마는 네가 학원을 안 다니면 성적이 떨어질까 봐 걱정되거든. 무슨 방법이 없을까?"라고 말했다. 아들은 "학원에서 이미 어떻게 공부하는지 배웠거든. 집에서 한번 그대로 해볼게요. 나를 한번 믿어주면 안 될까?"라고 말했다. 나는 "알았다. 2학년은 자유학기제이기도 하니 네가 스스로 한번 해봐. 믿을게."라고 말했다.

나는 둘째인 아들과는 관계가 좋았다. 누나보다는 조금 더 이른 시기부터 변화된 부모의 말습관의 영향을 받은 덕분이다. 아이는 이해받고 존중받는 느낌을 받게 되면서 유연한 사고를 가지고 문제 해결에도 훨씬 좋은 모습을 보였다.

이후 아들이 중3이 되면서 고등학교 입시 방향을 정하게 될 때에도 좋은 영향을 끼쳤다. 나는 아이가 공부와 성적, 학업, 대학 간판으로 미래를 결정하는 것은 바라지 않았다. 아이가 진정으로 세상을 나아가는 경험을 하고 친구들과의 우애를 나누고 학교선생님으로부터 존중받는 학교생활을 할 수 있기를 바랐다.

부모가 먼저 깨닫고 변화된 말습관을 하게 되었다. 딸도 자신을 이해해주는 부모에게 마음의 문을 조금씩 열고 소통을 하게 되었다. 이렇게 부모와 아이가 소통이 잘 된다면 모두가 행복하다. 아이가 커가면서 진로 문제에서 열린 마음으로 대화하게 되었고 서로의 미래에 대해 얘기를 나눌 수 있게 되어 지금까지도 행복한 관계를 유지하고 있다.

둘째와의 관계에서도 아들의 심적 어려움을 솔직하게 부모에게 털어놓을 수 있었다. 부모는 아이를 못한다고 다그치는 것이 아니라 아이의 힘든 상황을 이해해주게 되었다. 그리고 아이에게 해결책을 생각하도록 기회를 주었고 아이가 잘해나갈 것이라고 믿었다. 부모가 말습관이 변화되지 않고 가르치려고만 했더라면 아이와의 미래는 어두울 수밖에 없다.

세상을 살아가면서 힘들고 어려운 점이 있더라도 그것을 함께 나눌 수 있는 사람이 없다는 것은 너무나도 불행한 일이다. 아이를 공감해주고 존중하는 부모의 변화 된 말습관은 아이가 사랑받고 있다고 느끼게 해준다. 사랑은 아이가 살아가는 동안 아이의 미래를 밝게 비춰줄 것이다. 아이를 행복하게 만든다.

02

___

현명한 부모는 아이의
미래를 함께 꿈꾼다

나의 부모님은 자식이 다섯명이고 늘 먹고 살기 바쁘셨다. 초등학교를 입학식때 학교를 한 번 데려다 준적 빼고는 한번도 학교에 와 본 일이 없다. 운동회나 소풍, 학부모 회의 때도 부모님이 올거라는 생각을 한적이 없다. 딱 한번 고3때 대학진학 원서 쓸 때 학교를 오셨던 정도다. 두분이 식당을 운영했었기에 늘 바빴고 쉬는날도 없이 일요일에도 일을 하셨다. 그래서 자식들의 미래를 함께 꿈꿔줄 여유가 없었다. 이 시대는 대부분의 부모들이 그랬다.

그런데 간혹 친구 부모님들이 관심 있게 아이를 대하는 모습을 볼 때면 참 부러웠다. 그 친구들은 부모님께 사랑을 무척 많이 받는다고 생각했다. 그러면서 나는 부모가 됐을 때 내가 충족되지 않았던 부분을 해주려고 했던 것 같다. 내 아이에게 관심을 주고 미래를 함께 꿈꿀 수 있는 사랑스런 부모가 되어야지 하는 생각을 했다.

아들의 고등학교 진학을 제주에 있는 학교가 아닌 충북음성에 있는 글로벌선진학교로 가기로 결정했다. 다니고 있던 중학교 담임선생님께 말씀 드렸다. 담임 선생님은 아이를 위한 결정을 했다고 하니 우리의 의견을 존중한다면서 서류 준비를 원활하게 처리해주셨다.

아들은 평범하게 도내에서 인문계 고등학교로 진학할 수도 있었다. 하지만 고등학교에 진학 후 받게 될 학업과 성적 스트레스를 잘 알고 있다. 상위권 학생들이 아닌 이상 대부분의 아이들은 들러리이다. 학생들은 성적 순서대로 대우를 받는 교육 현실이고 대우를 못 받는 아이들은 관심조차 못 받아 자존감이 바닥을 쳤다. 나는 아들에게 이런 현실을 느끼게 해주고 싶지 않았다. 나에게는 무척 소중한 아이이기 때문이다.

아들이 진학할 학교로 가야 하는 날이 다가오자 나는 잠도 잘 못 자고 일이 손에 잡히지도 않고 계속 불안했다. 혹시라도 아이를 잘못된 길로 이끄는 것은 아닌지, 제대로 된 선택이 아닌 건 아닌지 너무도 걱정이 되었다. 주변 사람들은 가보지 않은 길을 내가 간다는 것이 참 불안한 일이다. 그래서 나는 진학할 학교 학부모 커뮤니티에 가입했다. 나와 같은 입장의 다른 부모들의 경험을 듣다 보니 조금씩 위안이 되고 안정이 됐다.

나는 불안감을 떨쳐내기 위해서는 흔들리지 않는 나의 신념이 필요하다는 생각이 들었다.

첫째, 아이가 그 학교에 적응하지 못하고 다시 제주도로 돌아오고 싶을 때 언제든지 돌아오게 할 것. 둘째, 그 학교에 갔는데도 좋은 대학에 못 가더라도 아이에게 실망하지 않을 것. 셋째, 아이가 돌아오게 되거나 좋은 대학을 못 간 것에 대해 주변 사람들이 수군대는 말에도 나는 상처받지 않을 것. 세 가지 다짐을 했다. 아이를 키우는 데 있어서 용기가 생겼다. 삶의 지혜가 있는 현명한 부모로 성장해 가고 있었다.

아들에게도 "언제든지 돌아올 수 있으니 걱정하지 마라."라고 말했다. 아들은 "나도 불안하기는 해요."라고 대답했다. 나는 "학교에 가서 생활하는 데 어려움이 생기거나 도움을 받을 일이 생기면 꼭 엄마한테 말해줘."라고 말했다. 아들은 "엄마가 그렇게 말해주니까 든든해요."라고 대답했다. 나는 "제주도에서 다른 부모들이 보내보지 않은 길에 너를 보내는 거라서 많이 불안해. 하지만 그곳에서 제대로 성장할 너를 믿고 지켜볼게."라고 말했다. 아들은 고등학교 진학 후 우선 자신감이 많아지고 자신의 미래에 대해 고민하고 도전하는 열정적인 아이로 성장했다.

또한 아들은 꿈이 글로벌해졌다. 방학 때마다 영어 성적을 올려야 자신이 가고자 하는 대학과 학과에 도움이 된다며 영어 공부를 자진해서 했다. 그리고 학교 내신 및 수행평가를 잘해내기 위해 밤을 새워가면서 최선을 다하는 모습을 보였다. 그리고 부모가 나서지 않아도 아들은 스스로 진로, 진학 프로그램에도 자주 참여를 했다. 다녀오고 나면 꼭 전화를 하고 자신의 생각을 나에게 꼭 알려주었다.

아들은 내가 어린이집을 신축하는 건축 현장에 여러 번 구경하러 왔다. 건물이 지어지는 과정과 기계에 대한 관심이 매우 높았다. 나는 "여기 오면 즐겁구나?"라고 물었다. 아들은 "응. 재미있어. 특히 포크레인이나 기계들이 살아 있는 거 같아."라고 말했다. 나는 "엄마는 나중에 또 다른 꿈이 있어."라고 말했다. 아들은 "무슨 꿈이야?"라고 물었고, 나는 "엄마는 우리나라보다 못 사는 나라에 가서 봉사하고 싶어."라고 대답했다.

"예를 들면 어린이집을 지어주는 것도 좋겠어."라고 말했다. 아들은 "그러면 그 집은 내가 지어줄게."라고 말했다. 나는 "그래, 네가 어린이집을 지어주면 좋겠다."라고 대답했다. 아들이 건축에 관심 있어 하는 모습을 여러 번 보게 되어 나는 자연스럽게 아이에게 미래의 건축가를 꿈꾸는 건 어떤가 하고 말했다. 이후 아들은 건축 쪽의 미래를 꿈꾸게 되었다. 고등학교 3학년이 되면서 코로나 시국을 맞이하게 되었다. 학교를 못 가고 집에 있는 시간이 많아지면서 아들은 남을 위해 봉사하는 일을 하고 싶다는 생각을 말했고 부모는 아이의 생각을 존중하여 다른 미래를 꿈꾸게 되기는 했지만 아이와 함께 아이의 미래를 꿈꿀 수 있다는 것에 행복했다.

나는 첫딸을 키우면서는 평범한 길을 선택하며 키웠다. 내 아이의 특성이나 재능은 고려하지 않고 공부로 승부해야 한다는 생각이 지배적이었다. 딸은 인문계 고등학교에 진학 후 힘든 길을 걷기 시작했다. 딸은 수학을 잘했다. 잘하는 재능을 살려서 과학고등학교로 진로를 선택했더라면 자신의 꿈을 향해 가는 길이 덜 힘들었을지도 모른다.

딸은 일반계 고등학교를 들어가고 나서야 진로를 찾느라 헤매고 힘들어했다. 그런 딸을 보면서 후회도 했고 반성도 했다. 내가 조금 일찍 아이 진로에 관심이 있었더라면, 더 넓은 세상을 경험하게 해주었더라면 아이랑 나의 갈등이 심하지 않았을지도 모른다. 아이가 잘하는 것을 살려야 하는데 못하는 점수만 끌어올리려고 여기저기 학원에 보내게 되었다. 그러다 보니 딸은 점점 더 학업에 흥미를 잃어버렸다. 지방이다 보니 서울에 있는 대학에 들어가기 위한 입시 정보가 부족했다. 정해져 있는 입시 틀에 딸아이를 끼워 넣으려고 하니 딸도 힘들고 나도 너무 힘들었다.

딸은 다른 길을 모색하고 싶어서 고등학교를 자퇴하겠다는 말을 자주 했을 수도 있다. 딸이 무엇을 불안해하고 있는지, 어떤 점을 힘들어 하고 있는지에 대해 부모인 내가 잘 이해했더라면 딸과의 갈등으로 힘들어 하지 않았을 것이다. 당시 나는 딸아이의 입장과 생각과 느낌을 이해하지 못했다. 그저 딸아이에게 불성실하다고 잔소리만 하는 엄마였다.

이후 대화와 감성 공부를 하면서 내가 습관적으로 하는 말에 대해 정말 많이 반성했다. 나의 말습관으로 인해 아이가 답답하고 더 힘들어한다는 것을 알게 되었다. 그리고 부모와 자녀가 있다면 부모가 먼저 바꾸고 보여주어야 한다는 것을 알게 되면서 나의 습관을 바꾸기 위해 노력했다. 그러다 보니 딸아이를 조금씩 이해할 수 있게 되었다. 아이와의 소통이 다시 되기 시작하면서 아이의 미래를 함께 꿈꾸는 부모가 되어갔다.

딸이 고3이 되었다. 대학수학능력 시험을 보고 나오는데 고사장에서 제일 처음으로 나오면서 "엄마 나 수학 1등급이야."라고 말했다. 시험을 잘 봤다는 느낌이 든 모양이다. 하지만 그날 저녁 가채점을 하고 나더니 등급이 한 문제 차이로 다 하향 됐다고 했다. 수학은 1등급이나 국어와 영어가 2점짜리 한 문제 차이로 둘 다 3등급이 되어버렸다.

아이는 울면서 "엄마, 나 망했어. 어떻게 둘 다 한문제 차이로 등급이 떨어질 수 있어?"라고 말했다. 나는 "괜찮아. 잘했어. 그동안 네가 열심히 했잖아."라고 말하며 오늘을 위해 애쓴 아이를 위로했다. 딸은 "영어는 2등급이 되어야 서울에 있는 대학에 갈 수 있는데 어떡해."라며 대성통곡을 하는 것이다.

나는 "실망했구나. 괜찮아~ 엄마가 보기에는 2등급이나 3등급이나 별반 차이가 없다고 봐~ 그 정도면 잘하는 거야."라고 말했다. "서울에 있는 대학이 전부는 아니야. 엄마는 네가 행복하게 살면 성공한 거라고 생각해."라고 말했다. 아이는 "엄마, 점수결과 나올 때까지는 생각 좀 할게요."라고 말했다. 그러면서 감정을 진정 시키더니 "다음 주부터 논술 시험 3개 보러 가야 되니까. 내일 논술학원 갈게요."라고 말해다. 나는 "그래 얼른 털고 다음 거 준비하자. 우리 딸 파이팅~!"이라고 말했다.

내가 두 아이의 감정을 받아주고 이해해주는 부모가 되면서 아이들과의 소통이 수월해졌다. 아이들도 자신의 고민이나 걱정, 어려움을 부모에게 쉽게 말하게 됐다. 부모도 아이에게 편안하게 바람을 말할 수 있게 됐다. 서로가 말을 잘 주고받을 수 있는 소통을 한다면 자녀의 미래에 대해서도 함께 꿈꿀 수 있도록 하는 말들도 주고 받게 된다.

그러나 사춘기 시기의 아이들은 자신들은 부모와 소통이 되지 않는다고 말한다. 아이들은 부모를 '꼰대'라고 칭하며 부모가 하는 말을 잔소리로 듣고 제대로 들으려 하지 않는다.

그러면 부모와 아이는 서로 어떤 생각이나 느낌을 제대로 전달하고 이해할 수 없게 된다. 이런 생활의 연속은 부모와 아이 둘 다에게 불행한 일이다. 이런 불행을 바라고 아이를 키우는 것은 아니다. 이럴 때는 이성적인 판단이 가능한 부모가 먼저 바뀌어야 한다. 아이의 상황과 입장을 이해한다면 아이들은 위안이 된다. 위안을 받은 아이는 평온하게 되고 마음의 문이 늘 열려 있는 아이가 된다. 사람들과의 관계에서도 편안함을 느끼게 되어 아이는 늘 행복한 인간관계 속에 살아가게 된다.

자녀양육은 힘든 일이 아니라
보람되고 즐거운 일이다

여섯 살 난 딸은 비즈놀이를 좋아했다. 비즈 통을 잘못 건드리면 작은 방울들이 온 집안에 흩어진다. 흩어진 비즈를 한 알 한 알 정리하기란 쉽지 않다. 그럴 때는 청소기로 흡입해서 정리를 했다. 그래서 딸아이가 비즈놀이를 할 때면 조심하라는 소리를 여러 번 하곤 했다. 천방지축인 딸은 비즈놀이를 할 때면 그나마 가만히 앉아서 집중한다. 아이의 집중력을 키울 겸 비즈놀이를 가끔 꺼내준다.

하루는 비즈놀이를 집중해서 하고 있던 딸이 나에게 와서는 "엄마, 선물이야."라고 말하면서 비즈로 만든 것을 줬다. 나는 "정말 엄마 선물이야?"라고 대답했다. 아이는 "응. 엄마 선물 주고 싶었어."라고 말했다. 하트 무늬를 낸 비즈패치를 주었다. 아이가 만든 것이니 솜씨는 별로였다. 하지만 나는 "엄마 엄청 감동이야, 고마워."라고 말했다.

아이는 "엄마가 맨날 우리 밥해주고 빨래해주고 책 읽어주고 돌봐주잖아."라고 말했다. 사실은 아무도 나를 알아주는 사람이 없다고 생각했었다. 내 마음이 뭉클하고 감동을 받았다. "엄마가 돌봐주는 거 알고 있었어?"라고 물었다. 아이는 "엄마 고마워서 내가 선물하는 거야."라고 말을 했다. 그동안 아이가 비즈를 쏟았을 때 조심하라며 잔소리를 했던 일이 미안해졌다. 그리고 이럴 때 아이 키우는 일에 대해 보람을 느끼는구나 싶었다.

딸아이가 어렸을 때 같은 아파트에 살던 언니들이 있었다. 한 언니는 딸이 둘이다. 다른 한 언니는 아들만 둘이다. 나는 딸 하나, 아들 하나를 두었다. 큰 아이들이 같은 유치원을 다니면서 친해진 언니들이었다. 아이들을 유치원차에 태워서 보내고 나면 각 집마다 돌아가면서 티타임을 했다.

그 시간에 육아로 힘든 엄마들에게는 사람사는 것을 느낄 수 있는 시간이였다. 집안 얘기, 남편얘기, 시댁이야기를 하기도 하고 서로 육아 얘기도 주고 받았다. 낯선 서울에서 아는 사람도 없이 외롭게 독박육아를 하는 나에게 이 시간은 소중한 시간이었다. 하루는 우리 집에서 티타임을 하게 됐다. 다들 각자의 육아 어려움을 하소연했다. 딸만 둘인 언니는 큰딸이 너무 소심해서 걱정이 많았다. 그리고 무서운 세상을 어떻게 살아갈지 걱정되는 게 너무 많아서 육아가 힘들다고 했다.

아들이 둘인 언니는 아들들이 하나부터 열 개까지 다 챙겨야 하니 힘들다고 했다. 남자들은 너무 이기적이고, 거기다가 남편도 챙겨야 하니 삶이 힘들다고 했다. 거기다가 딸도 없어 사는 낙이 없다고 했다. 나는 아들보다 더 활동적이고 고집이 센 딸아이를 키우는 것이 힘들다고 말했다. 셋 다 자신의 아이가 더 힘들다고 내기를 하는 모양새다.

세 엄마는 결혼 전에는 다들 자신의 일을 가지고 있었다. 결혼과 육아 때문에 직장을 그만두고 아이만 키우고 있다. 세 엄마는 모두 육아보다 일하는 것이 더 쉽고 즐겁다고 말했다. 남편은 결혼 전 모습 그대로 직장 생활도 하고 친구들도 마음대로 만나면서 산다고 생각했다. 나만 직장을 그만두고 아이를 키우고 집안 살림을 하느라 힘들고 희생하고 손해보는 느낌이었다.

그런 생각을 자주 하면서 우울해하기도 했다. 그리고 처음 해보는 육아는 힘이 들었다. 집안일은 해도 티가 나지 않았다. 남편은 밤늦게 집에 들어오고 주말이면 골프를 치러 간다거나 친구와의 약속으로 육아를 도와주지 않았다. 나는 그런 남편이 밉고 화가 났다. 결국은 남편에게 자주 화를 내게 되고 원망하는 소리를 하게 되었다.

어느 날 유치원에서 재롱발표회를 한다는 통신문이 왔다. 언니들과 함께 꽃을 사들고 발표회를 보러 갔다. 유치원 앞쪽에 조그마한 무대를 꾸며놓았다. 그곳에서 아이들의 발표회를 했다. 우리 딸은 한 살 일찍 유치원을 다녔기 때문에 아직 다섯 살이다. 그런데 6세 반 언니오빠들 사이에 의젓하게 서 있는 모습을 보게 되니 가슴이 찡했다.

바로 재롱발표회가 시작되었고 딸은 세 번이나 무대에 올랐다. 무대에 오를 때마다 엄마가 어디쯤 있나 하고 나를 찾았다. 나는 관객석에서 일어나서 손을 흔들었다. 아이는 나와 눈이 마주치자 안심을 하고는 재롱발표회 무대에 최선을 다했다. 어떤 동작이든 남들보다는 2배는 더 열심히 했다. 그러다 보니 주변 부모들도 우리 딸아이의 모습에 웃음을 터뜨렸다.

나도 아이의 모습을 보면서 웃음도 나오고 눈물도 나왔다. 공연이 끝날 때마다 나를 찾고는 나에게 손을 엄청 흔들었다. 나는 이렇게 열심히 하는 딸의 모습에 감동을 받았다. 마지막에는 어버이은혜 노래에 맞춰 수화를 했다. 너무 감동적이었다. "엄마, 아빠, 사랑해요."라고 말을 하자 나는 눈물이 흘렀다. 자식을 키우면서 힘들고 어렵다고만 했던 생각들은 싹 녹아 사라져버렸다. 그리고 자식을 키우는 보람을 느끼게 되었다.

고등학교 친구들이 동창회로 25년 만에 다시 만났다. 스마트 폰의 밴드 앱이 인기를 끌게 되면서 여러 동창회 밴드가 생겼다. 다른 동창 밴드보다 여고 동창 밴드는 마음이 편했다. 같은 반을 한 번도 안 했던 친구들끼리도 공통 화제가 있었기 때문이다. 남편, 자식들 얘기를 하다 보니 친구들끼리 잘 통했다. 나도 딸이 고1 때라서 갈등이 심하고 마음고생을 하던 때였다. 동창 밴드에서 이 말 저 말 하고 듣다보면 위안이 되었다.

그래서 여고 동창모임이 좋았다. 친구들과 오프라인 모임을 하기로 해서 열댓명이 만났다. 얼마나 수다를 떨었는지 헤어지면서 무척 아쉬웠다. 그렇게 자주 만나다보니 친구들끼리 마음을 터놓게 되었다. 비슷했던 고등학교 시절에서 25년을 훌쩍 뛰어 만나 보니 강산이 두 번하고도 반이나 변한 삶들이 보였다.

여고 동창생들을 만나보니 서로의 삶을 이해하고 존중하는 힘이 있었다. 누구도 "너 왜 그랬어?", "네가 잘못한 거야.", "나는 네가 이해되지 않아."라고 말하는 친구가 없었다. 우리는 서로에게 "그랬구나.", "여기까지 오느라 애썼다.", "역시 내 친구야."라는 말을 했다. 서로의 마음을 이해해주고 인정해주니 편안해져서 마음속 이야기들을 꺼내놨다. 우리끼리는 "마음이 백억인 부자들만 모였다."라고 말할 정도다. 나도 모든 어려움을 이겨내고 웃으며 동창회에 나온 친구들을 보며 응원의 박수를 보냈다.

친구들을 보니 결혼을 안 한 친구, 돌싱인 친구, 돌싱이면서 아이를 키우는 친구, 재혼해서 사는 친구, 남편과 아이와 해로하는 친구 등 다양한 모습들로 살고 있었다. 그중에 제일 대단한 친구는 아이를 키운 친구들이다. 엄마로서의 삶을 당당하게 살기 위해 최선을 다하는 모습이 서로서로에게 박수를 보내고 있었다.

특히 20년 넘게 아이를 키운 우리들은 풍요로운 삶의 모습을 보였다. 수줍음 많던 여고생에서 배려하고 희생하며 인내하는 성인군자가 되어 있었다. 결혼을 안 하거나 아이가 없는 친구들은 아이를 대학에 보내고 군대 가는 아들의 모습이 밴드에 올라오는것을 보면서 성공했다고 말하고 부러워했다.

나 역시도 아이를 키우는 일은 힘들었다. 그러나 엄마이기에 힘들다고 포기할 수는 없었다. 아이를 사랑하고 아이가 세상을 잘 살아갈 수 있도록 가르치려고 하다 보니 늘 배우고 당당하게 살아가려고 노력하고 애쓰게 됐다.

아이가 커 가면 부모는 아이와 함께 해야 하는 일들이 생긴다. 언제 기저귀를 떼야 하는 것인지, 아이에게 어떤 경험들을 해주어야 하는지, 학교에 들어가면 학업이나 친구관계는 어떻게 해야 하는지, 진로 결정은 어떻게 하는 것인지 등 아이가 경험해야 하는 것들을 부모가 함께 고민하고 이끌다 보니 부모는 세상은 함께 살아가는 곳임을 알게 된다.

학력고사 세대인 내가 아이를 키우지 않았더라면 교육 정책의 변화에 관심이 있었을까? 대학 입시에서 수시와 정시가 있다는 것을 알 수 있었을까? 대학을 나오더라도 직업을 가지려면 또다시 취업 재수를 해야 하는 것을 알 수 있었을까? 내 아이를 잘 키우기 위해 여러 책을 찾아보고 다양한 정보를 알게 되고 깨닫다 보니 나의 생각과 삶이 풍요로워지는 것을 느꼈다.

자신만의 전문 분야에서 길을 찾고 닦으며 인정받고 있는 사람들도 있다. 하지만 자식을 키워보지 않은 사람은 다른 사람을 이해하거나 세상을 보는 눈이 좁은 경우를 많이 본다. 당장 내 주변의 결혼하지 않은 사람들만 봐도 그저 자신의 건강 염려와 노후에 대한 걱정으로 전전긍긍하는 모습을 많이 봤다. 아이를 키우는 입장에 있는 부모들은 주변에서 일어나는 일에 대해 자연스럽게 관심을 가지게 된다. 또한 여러 가지 사회 현상에 대해 걱정을 하기도 한다. 그리고 내 아이가 행복하게 살 수 있는 방향으로 사회가 변화하기를 바라게 된다.

나는 우리나라 교육이 아이의 권리를 인정해 주는 방향으로 변화하기를 바라게 된다. 정치인은 청년 정책을 잘 만들어주고 공정한 사회가 되도록 힘써 주고 우리 아이들이 불평등한 사회에서 살게 되지 않도록 애써 주기를 바라게 된다. 이렇게 다양한 방면에도 관심을 두고 사회가 발전해나갈 수 있기를 바라고 참여하게 된다. 그런 삶이 함께 살아가는 삶인 것이다. 아이를 키우지 않았더라면 사회가 변하고 교육이 변화하기를 바랐을까? 사회에 다양한 관심을 가지고 풍요로워 지기를 바랄까?

아이을 잘 키우는 일은 부모로서 성공하는 일이다. 아이 덕을 보려고 자식을 키우는 것이 아니다. 나는 아이를 키우면서 내가 가치 있는 일을 하는 사람이라는 것을 깨닫게 되고 보람을 느끼게 된다. 그러려면 아이와의 관계가 좋아야 한다. 결국, 아이와의 좋은 관계란 소통이 잘 되는 것을 말한다. 아이와의 좋은 소통을 위해 나의 말습관을 바꾸고 아이와의 좋은 관계에서 행복함을 느낀다. 그러면 자녀의 양육은 힘들고 고통스러운 일이 아니라 보람되고 즐거운 일이고 가치있는 일임을 깨닫게 된다.

04
—

아이와 의미 있는 대화를 나눌 때
부모와 아이 모두 행복하다

아들의 고등학교 2학년 겨울방학이 시작될 쯤이다. 겨울방학이 지나고
나면 고3이 되면서 대학입시 준비를 해야 했다. 아들의 대학 진로에 관한
진지한 대화를 해야 했다. 아들에게 "오늘 시간이 되니? 대학 진로에 대
해 얘기를 나눴으면 해."라고 물었다. 아들은 시간이 된다고 했다. 아들
에게 "몇 시가 좋을까?"라고 묻고 서로 가능한 시간을 맞췄다.

이제는 아이를 존중하며 말하는 습관이 몸에 배었다. 아이와 어떤 얘
기를 나누고 싶다면 아이가 시간이 있는지 미리 물어본다. 부모 마음대
로 "오늘 저녁 7시에 가족회의를 할 거야. 너의 대학 진로에 대해서 얘기
할 거야. 시간 비워놔."라고 말을 한다면 아이는 당황스럽다. 또한 갑작

스럽게 시간을 통보하고 자신의 의견과는 관계없이 강제적으로 만나자
는 부모에게 반감이 든다.

  부모 자녀간에 대화의 기본은 존중이다. 아이가 시간이 있는지, 어떤
생각을 하고 있는지 물어보는 것은 존중하는 말습관의 시작이다. 나는
아들에게 "너는 대학진로를 어떻게 생각하는지 말해줄래?"라고 의견을
물었다. 아들은 "저는 해외 대학이 아니라 국내 대학에 가고 싶어요."라
고 대답했다.

  최근까지도 아들은 해외 대학 입학을 준비하고 있었다. 그런데 건축
쪽은 각 나라마다 법이 달라서 해외대를 가서 해외에서 산다면 그 나라
의 건축 자격증을 받아야 한다는 것이다. 본인은 국내에 살 거라서 국내
자격증을 받는 것이 중요하다고 말했다. 부모는 아들의 의견을 존중했
다. 부모는 "국내 대학은 어떻게 준비하려고 하니?"라고 물었다.

  아들은 수시입시에 응시할거라고 했으며 자신이 응시 할 수 있는 대학
리스트를 준비해서 보여 주었다. 그리고 어느 대학에 수시 입학 지원이
가능한지 리스트를 가지고 왔다. 나는 3년전 누나가 대학 입시를 준비하
던 때와는 확연히 다르다는 것을 느꼈다.

  아들에게 "수시입시를 한다면 정시는 어떻게 되는 거니?"라고 물었다.
아들은 "독일 쪽 대학도 생각하고 있어요. 독일 대학은 우리나라 대학 수
학 능력 시험을 봤던 자료가 필요해요."라고 말했다. 아들은 국내 대학

및 독일 대학에 대한 입시를 준비하겠다고 했다. 아들 스스로 대학 입시를 준비하는 모습이 대견했다.

그리고 아이에게 "그러면 우리가 도와줄 게 있니?"라고 물었다. 아이는 "이번 방학에 수능대비 공부를 하려고 하니 인강을 끊어주세요."라고 말했다. 나는 아들에게 "알았다. 그리고 국어와 영어는 겨울방학 동안 학원에 다니는 것도 도움이 될 듯한데. 네 생각은 어떠니?"라고 아들에게 말했다. 아들은 "알겠어요. 도움이 될 거예요."라고 대답했다.

아들과 소통이 잘 되니 아이의 진로에 대해서도 의미 있는 대화가 됐다. 그리고 아들이 스스로 무엇을 해나가야 하는지를 잘 알고 있어서 '아이가 다 컸구나.'라고 느꼈다. 부모가 건축을 하려면 국내 대학 입학이 필수이고 수능을 보려면 학원에 가야 한다고 답을 정해놓고 말했다면 어땠을까?

아이는 자신에게 계속해서 공부를 강요한다고 느꼈을 것이다. 그리고 부모에게 반감을 느끼게 된다. 스스로 공부해야 한다는 생각이 없기 때문에 입시에 관심이 없고 어떻게 준비해야 할지 손을 놓고 있게 된다. 하지만 아이를 이해하고 존중하는 부모의 말습관으로 아이 스스로가 답을 찾을 수 있도록 했다.

아이는 스스로 자신이 어떻게 해야 하는지 방법을 찾고 부모에게 말하게 된다. 이때 부모는 아이의 의견을 존중하고 믿는 말을 하자 아이는 자신을 이해하고 믿는 부모를 더욱 신뢰한다. 신뢰를 바탕으로 부모가 바람을 말한다면 아이는 부모의 말을 잘 알아듣게 되면서 의미 있는 대화를 이어나갈 수 있다.

아들이 고3이 되자 코로나 소식이 들려오기 시작했다. 학기를 시작해야 하는데 우리나라는 대구 교회발로 1차 대유행이 선언되었다. 상황이 너무 안 좋아져서 대학교의 문을 걸어 잠그기 시작하더니 초·중·고등학교의 문도 잠겼다. 결국 아들은 기숙사를 들어가지 못했다. 전국적으로 비대면 수업을 시작으로 실시간 교육까지 하는 등 학교 교육 현장에 많은 변화가 있었다. 국내 상황에 이어 전 세계적으로 코로나가 확산되어 결국 팬데믹 선언이 되는 상황까지 되었다.

코로나는 마치 끝이 보이지 않는 전쟁과 같았다. 전 국민이 마스크를 하고 사람들끼리 거리두기를 해야 하고 늦은 밤 만남을 자제해야 하는 일이 생겼다. 거기다가 고3 학생들과 부모들은 코로나 시국에 대학입시를 준비해야 하는 부담까지 있어서 불안한 나날을 보냈다. 당장 수능 일정도 장담할 수가 없어 걱정되고 속이 탔다.

팬데믹 상황으로 불안감이 커져갔다. 아들도 많이 힘든 모습을 보였다. 집에서 비대면 수업을 받으려니 조그마한 주변 소리에도 민감하게 반응했다. 내가 불쑥 문이라도 열고 방에 들어가기라도 하면 화를 내기도 했다. 나는 "아들 미안. 너 수업 받는데 엄마가 조심성이 없었네. 엄마 실수~~"라고 말했다. 아들은 "네. 조심해주세요."라고 대답했다. 나는 "비대면 수업하느라 힘들 텐데. 엄마가 더 조심할게."라고 말했다. 아들의 힘든 마음을 이해하는 말을 자주 하자 아들도 화를 내다가도 가라앉히며 관계를 이어갔다.

하루는 아들이 "오늘 저녁에 엄마, 아빠, 시간 내주세요."라고 말했다. 저녁을 먹고 나자 아들이 말을 꺼냈다. "요즘 진학에 대한 고민을 정말 많이 했어요. 가고 싶은 길을 바꾸는 일이 생겼어요."라고 말했다. 나는 "그랬구나. 너의 생각은 어떤 거니?"라고 말했다. 아이는 "봉사하는 일에 더 관심이 생겼어요. '소방관의 하루'라는 영상을 보게 되었는데 가슴이 뛰었어요. 누군가는 해야 하는 일이기에 내가 하고 싶다는 생각이 들어요."라고 말했다.

나는 "그런 생각을 했구나. 계획은 있는 거니?"라고 물었다. 아들은 관련되는 학교와 학과를 다 조사했다고 했다. 갑작스럽게 진로를 변경하겠다는 아이의 말에 부모는 아이를 믿고 존중해주었다. 나는 "네 생각이 그렇다면 알았다. 그래도 한번은 더 고민 하는 건 어때? 이후에도 변함이 없다면 그 길로 가자."라고 말했다. 이후 아이는 변함없는 뜻을 밝혔다.

몇 주 후 아들은 학교로 복귀하게 됐다. 진로 담당교사에게 자신의 변경된 진로에 대해 충분한 상담을 했다. 교내 체험을 위해 양호실 담당교

사에게 찾아가 봉사활동을 할 수 있도록 적극 요청했다. 담당 선생님은
남학생에게는 양호실 봉사를 잘 주지 않는데 아들의 적극적인 요청과 코
로나 상황으로 교내에도 봉사인원이 더 필요하다고 하며 기꺼이 봉사 활
동을 허락하셨다.

아들은 아침마다 교내 학생들의 체온 체크 및 손 소독제 관리하는 일
을 성실하게 하는 등 봉사 활동을 열심히 하였다. 자신은 응급 구조학과
로 가서 사람을 살리는 일을 하는 소방 구급 활동 대원이 되고 싶다고 했
다. 아이는 관련된 학과에 지원해서 대학 생활을 하고 있다. 자신이 하고
싶은 꿈을 향해 학과 내에서도 최선을 다해 공부하고 있다.

평소 아들과 의미 있게 소통을 할 수 있는 관계가 아니었더라면 아이
는 자신이 진로를 바꾸고 싶어한다는 생각을 부모에게 말하지 못했을 것
이다. 부모가 너무 권위적이라면 아이들은 자신의 생각을 말하는 것을
두려워한다. 또는 부모가 너무 관심이 없으면 아이는 말을 해도 소용이
없다고 생각할 것이다. 나는 아이와의 일상에서 이해하고 존중하는 말습
관을 실천했다. 그래서 편안함이 있었기 때문에 자신의 생각을 말할 수
있는 것이다.
　주변에서 아이가 대학을 다니다가 그만두는 경우를 봤다. 대학에 가고
나니 자신이 원하는 진로가 아니라고 하면서 다시 공부를 하겠다는 아이

들도 많다. 대학 4학년을 졸업하고 나서 그동안 부모가 원하는 대로 살았으니 이제는 자신이 생각하는 삶을 살겠다고 하는 자녀도 봤다. 대학 졸업 후 경제적으로 독립도 안 하고 석사, 박사 공부만 몇 년째 하는 자녀들도 봤다. 자신이 진로를 찾지 못한 것이 다 부모 탓이라고 하면서 세상 밖으로 나아가지 못하는 성인 자녀들도 많이 봤다.

당당하게 성인으로 자라 독립하고 자신의 삶을 살아가는 자녀를 볼 때 부모는 보람을 느낀다. 그러나 성인이 돼서도 자립도 하지 못하고 부모에게 계속 의존하는 자녀들로 인해 부모는 더욱 힘들다. 부모도 나이가 들어간다. 자녀를 돌보는 일에서 동반자의 관계로 나아가야 하는데 아직도 양육이 끝나지 않아 부모들은 점점 힘에 부치고 지쳐간다. 그런 부모를 바라보면서 성인이 된 자녀들은 결혼하고 자녀를 갖는 일에 대해 걱정하고 두려워하고 있다. 양육에 대한 부담으로 비혼, 저출산 문제는 사회문제로 대두되고 있기도 하다.

나는 이런 모습들을 보면서 아이가 스스로 자신의 진로를 생각하고 선택할 수 있도록 키우고 싶었다. 그리고 자신이 선택한 일에 책임을 질 줄 알았으면 했다. 그리고 어려운 점이 있거나 힘든 일이 생긴다면 극복해 나갈 수 있는 아이로 자라도록 해야 한다는 생각을 했다. 아이가 그렇게 자라려면 한순간에 그 능력이 만들어지는 것이 아니다. 아이를 키우는 생활 속에서 조금씩 길러진다는 것을 알게 되었다.

특히 평소 부모가 하는 말습관에서 많은 영향을 받으며 아이는 당당한 어른으로 자란다. 부모는 아이를 사랑하고 존중하고 아이가 스스로 해낼 수 있는 용기와 도전을 할 수 있는 대단한 존재임을 깨닫게 되면서 부모의 말습관을 바꿔나갈 수 있었다. 바뀐 말습관이 아이와의 관계에서 편안함을 줄 수 있었고 아이는 자신의 생각을 부모에게 편안하게 말하게 된다. 그런 아이를 이해하고 존중하는 말을 하게 된다.

마치 테니스 공을 주고받는 것처럼 의미 있는 말을 주고 받아야 한다. 일방적인 말이 아니라 소통할 수 있는 말을 주고 받는 다면 아이에게 삶의 지혜를 전해 줄 수 있고 아이가 의미 있게 듣고 행동할 수 있다면 부모와 자녀 둘다 행복하다. 결국 부모의 말습관은 아이가 행복하게 성장하는 밑거름이 된다.

05
___

긍정적인 소통은 아이의
인생을 더욱 풍요롭게 한다

　육아나 가족에 관련된 방송프로그램이 많다. 육아의 일상을 보여줌으로써 육아에서 오는 어려움에 대한 솔루션을 제공하기도 한다. 혹은 가족의 일상을 담담하게 보여줌으로써 가족 구성원으로서 가족의 성장에 있어 구성원 각자가 어떤 역할들을 해나가야 하는지를 볼 수 있어 유익한 점들이 많다. 그중에 내가 자주 보는 방송은 〈슈퍼맨이 돌아왔다〉이다.

　이 프로그램의 초기 방송은 바쁜 아빠들이 일터를 떠나 가정으로 돌아와 아이를 돌봐주고 놀아주는 일상을 보여주었다. 내가 운영하고 있는 어린이집 아빠 참여프로그램을 활성화하는 데도 큰 역할을 했다. 그리고 아이와 함께 캠핑하는 아빠, 육아휴직을 받아서 아이 양육을 담당하는 아빠, 주말마다 놀이하는 아빠 등 아빠의 육아참여 및 가사 노동을 이끄는 데 참 도움을 많이 준 프로그램이라고 생각했다.

나는 축구 선수 박주호의 딸인 나은이의 일상을 볼 때면 감탄이 절로 나온다. 동생 건후가 물을 쏟았다. 나은이는 "괜찮아.", "건후 물 쏟았구나."라고 말했다. 그리고 "누나가 도와줄게."라고 말하면서 얼른 수건을 가지고 와 물을 닦았다. 그러면 건후는 "누나 고마워."라고 말했다. 이 모습을 보면서 말하는 습관이 참 긍정적으로 형성이 잘 되었다는 생각을 했다. 대화 및 소통을 공부한 나로서는 나은이의 말습관에 저절로 감탄이 나왔다.

6세밖에 안 된 나은이가 건후를 이해하고 도와주겠다는 말을 한다. 동생 건후는 누나를 무척 따른다. 같이 손을 잡고 어디론가 가는 영상을 보면 이 아이들은 미래에도 서로를 돕고 의지하며 살아가는 남매가 될 것이라는 생각이 들었다. 이 두 아이의 영상은 어느 어른 못지않은 좋은 말습관을 보여주고 있었다.

나는 혹시 편집일까 하는 생각도 해봤다. 〈슈퍼맨이 돌아왔다〉에서 나오는 부모나 아이들의 말습관을 눈여겨볼 필요가 있다. 아이를 키우는 부모들에게도 큰 길잡이가 되는 말습관을 보여주는 방송이다. 아이들에게 이런 말습관을 길러주기 위해서는 박주호 부부가 일상에서 많은 노력을 하고 있을 것이라는 상상이 된다. 특히 축구선수 박주호를 대신해 육아를 도맡아 하고 있을 엄마에게 나는 저절로 응원의 박수를 보내게 됐다.

〈슈퍼맨이 돌아왔다〉의 출연자 중 최근 이슈인 '자발적 비혼모 사유리와 아들 젠'의 방송을 자주 보는 것을 좋아한다. 아들 젠의 커가는 모습을 볼 때마다 '젠은 참 좋은 엄마를 가졌구나.'라는 생각을 한다. 사유리 엄마가 아들 젠에게 말하는 소리를 방송을 통해 자주 듣게 된다. 좋은 말습관이라는 생각이 들면서 아이를 위해 노력하는 사유리에게 존경심이 든다.

젠은 돌이 되지 않아 말을 제대로 할 수 있는 아이가 아니다. 그럼에도 불구하고 엄마는 눈으로, 표정으로 말한다. 젠이 알아듣지 않아도 반복적으로 말해준다. 그리고 젠을 이해하고 존중하고 설명해주는 말을 끊임없이 하는 영상을 보면서 좋은 엄마이고 대단하다는 생각이 든다. 아들 젠과 상호작용을 할 때 눈을 마주치며 고개를 끄덕이며 말한다. 그리고 아들 젠의 상황을 이해하며 "젠, 배가 고프구나.", "젠, 깜짝 놀랐구나."라고 말했다. 사유리 엄마는 젠에게 "젠, 엄마와 비눗방울 놀이 해볼까?", "병원을 가볼까?", "젠, 너는 어떤 것을 선택할 거야."라고 존중하는 말을 끊임없이 했다.

나는 사유리와 젠의 방송을 보면서 사유리 엄마의 말습관이 긍정적이다'고 느꼈다. 그리고 이 가족에게 응원을 보냈다. 〈슈퍼맨이 돌아왔다〉 프로그램이 특정 연예인 가족의 일상을 보여주며 젊은 부모들에게 부러움의 대상으로 만드는 방송이 아니라 지금 시대에 맞는 가족의 형태를 보여주고 있으며 편견을 없애주고 있다는 점에서 좋은 방송이라 생각한다. 그리고 어쩌면 사유리 가족의 성장이 저출산 시대를 맞이하고 있는 우리의 미래가 될 수도 있다는 생각을 한다.

사유리 엄마의 긍정적인 소통이 젠과의 방송을 꿋꿋하게 이어나가게 하는 힘이 되었다고 생각한다. 방송출연을 둘러싸고 비혼모 출산을 부추긴다며 공중파 방영을 즉각 중단해달라는 출연 반대의 목소리에도 굴하지 않았다. 오히려 젠과의 가족 일상을 보여줌으로써 새로운 패러다임을 불러일으키고 있다.

그리고 시청자들로 하여금 새로운 현실을 받아들일 수 있는 인식의 전환을 가져오고 있다. 아마도 사유리 엄마는 용기 있는 선택으로 젠과의 삶을 살면서 지금까지 경험해보지 못한 일들을 해나가고 있다. 얼마 전에는 비혼모를 위한 물품 전달을 하는 영상도 나왔다. 앞으로 사유리 엄마는 책, 강연, 방송 등의 활동을 통해 더욱 풍요로운 인생을 살아가게 될 것이다.

나 역시도 아이들과의 긍정적인 소통이 되기 시작하면서 그동안의 경험과는 다른 경험들을 하게 되었다. 아들이 중학교 3학년 때 전학을 결정할 때 무척 걱정이 많았다. 하지만 "그 학교로 꼭 가고 싶어요. 가서 적응하도록 최선을 다할게요."라고 말한 아들의 의견을 최우선으로 존중했다. 그리고 전학을 바로 가게 됐고 곧 고등학생이 되었다.

이 학교에서는 고등학교 때 해외 봉사가 필수였다. 아들과 나는 어떻게 준비를 해야 하나 고민을 하고 있었는데 학교에서 다 프로그램을 마련해 주었다. 독일로 수학여행을 간다고 한다. 수학여행 일정에서 학생들이 독일의 광장에서 태권도복을 입고 태권도 시범과 태권무를 펼치는 것이었다.

나는 그동안 봉사라고 하면 단순하게 물품 봉사 또는 직접 가서 하는 노동 봉사만을 생각했었다. 해외 봉사는 세이브 칠드런 또는 유니세프가 떠올랐고 아프리카에 가서 봉사하는 영상만 생각했었다. 그런데 우리나라를 알리는 것도 봉사라니, 나는 머리를 세게 얻어맞은 듯했다. 나의 틀에 박힌 편협함을 깨우쳐주는 계기도 되었다. 이후 나의 삶에서도 식견이 넓어지고 있다는 것을 느꼈다.

부모와 떨어져 있는 학교에 다니다 보니 전화 통화로만 소통이 가능하다. 아들의 전화가 오면 우선 "전화를 해주니 엄마 기분이 엄청 좋네."라고 말한다. 그러면 아들은 "엄마, 오늘 좋은 일이 있어."라고 말한다. 나는 "어떤 일이야. 궁금하네."라고 말한다. 아들은 해외 봉사에서 태권도 시범단을 하기로 했다는 것이다.

나는 "와~ 태권도 시범단 뽑혀서 기분 좋겠다."라고 말했다. 아들은

"나는 중요한 역할은 아니야. 그래도 대열을 잘 짜서 해야 되고 내가 애들을 으쌰으쌰 하면서 함께 하도록 하는 게 있어서 아마도 시범단에 뽑힌 것 같아. 엄청 기분은 좋아~"라고 말했다. 나는 "그래, 기분이 엄청 좋겠네. 모두가 합심해서 해내야 하는 일이니 친구들과 협의 잘하기를 바랄게. 그리고 최선을 다하기를 바란다."라고 말했다.

전화를 끊고 나서 아들의 미래가 점점 더 풍요로워지는 것을 느꼈다. 중3 때 일반계 고등학교로 진학을 하는 것으로 결정했다면 이런 일들을 경험할 수는 없었을 것이다. 아들이 독일로 수학여행을 가서 보낸 카톡을 보면 "엄마, 아빠 행복해요.", "세상이 이렇게 넓은 줄 몰랐어요.", "제주도 학교에 있었으면 나는 아마도 반항아가 됐을지도 몰라요.", "이런 경험을 하게 해주셔서 감사해요.", "친구들과 대학 가면 독일에 다시 꼭 오자고 약속했어요."라고 남겨져 있었다.

나는 아들의 이런 카톡을 볼 때마다 "네가 행복하다니 엄마도 행복하구나.", "큰 세상을 경험하게 돼서 엄마도 기쁘다.", "그 학교로 결정하기를 참 잘한 일이구나.", "네가 또 다른 꿈을 꾸고 있다는 것이 엄마는 기쁘다."라는 답글을 남겨주었다.

아들의 고3은 끝이 났다. 자신이 원하는 대학에 원서를 넣었다. 그 중한 곳에서 합격 소식이 왔다. 코로나로 인해 학교 졸업식도 부모가 참석하지 못하고 유튜브 졸업식이 진행되었다. 코로나가 여러 상황들을 바꿔놓기는 했지만 아들은 졸업식을 맞이하여 나에게 편지를 보내왔다. 자신이 이 학교로 올 수 있도록 길을 마련해주어 너무 고맙고 행복한 고등학교 생활을 마치도록 지원해주어 감사하다는 편지였다. 나는 감동을 받았다.

아들이 코로나로 인해 집에 있는 시간이 많아지게 되면서 진로에 대한 새로운 고민을 하게 되었다. 현재 대학에서 응급구조사의 길을 가고 있다. 대학에서의 응급구조학과 학습동아리 활동, 논문리뷰 활동에도 적극적이다. 그리고 해외로 유학을 다녀오고 싶다는 진로 설계도 하고 있다. 나는 그런 아들의 꿈을 긍정적으로 지지하고 있다.

코로나가 꼭 어렵고 힘든 점만 우리에게 안겨준 것은 아니다. 사회 다방면에서 새롭게 생각을 하게 했고 교육에서도 많은 변화를 가져왔다. 무엇보다도 세상이 바뀌어가는 것에 대해 빨리 인식하고 적응하게 됐다. 변화하는 여러 상황 안에서도 나는 아이와 긍정적인 소통을 하였다. 긍정적인 소통은 우리 가족 모두의 삶을 한층 더 풍요롭게 해주고 있으며 풍요로운 삶 속에서 아이는 행복하게 도전하며 살아가고 있다.

어릴 때 좋은 기억은
평생을 살아갈 힘이 된다

나는 보육을 사랑한다. 두 아이를 키우게 되면서 어려운 점이 많아지고 아이를 잘 키우고 싶은 마음에 편입해 유아교육 공부를 시작했다. 자연스럽게 보육인의 길로 인연을 맺게 되었다. 어린이집 아이들의 전인적인 성장 발달을 위해서는 애착 형성이 중요하다고 생각하게 되었다. 애착은 부모로부터 어린 시기에 자연스럽게 형성이 된다. 보육은 엄마의 일을 대신하고 있다.

나는 어린이집을 운영하고 있는 원장이다. 부모님들과 상담을 해야 하는 경우가 많다. 특히나 처음 어린이집을 보내게 되는 부모들과는 입학 전 1시간 정도의 상담 시간을 갖고 있다. 왜냐하면 사람은 누구나 처음

하는 일은 걱정되고 긴장되기 때문이다. 아이가 어린이집을 처음 다니게 된다면 그런 마음일 것이다. 그 마음을 부모들이 알았으면 한다.

부모도 오늘 원장인 나를 처음 만나는 것이 설레기도 하겠지만 두렵고 긴장되듯이 우리 아이들도 처음 오게 되는 어린이집은 두렵고 걱정되고 긴장된다. 그래서 부모와 교사의 적극적인 협조가 필요하다. 아이의 불안한 마음을 이해한다면 부모는 어떻게 해야 할까? 아이가 믿음을 가질 수 있도록 해야 한다.

심리학자 해리 할로우가 원숭이를 대상으로 한 애착 실험이 있다. 태어난 지 얼마 되지 않은 원숭이에게 철사와 헝겊으로 각각 만들어진 가짜 원숭이와 함께 생활을 하게 했다. 실험에서 밥은 철사를 둘러싼 원숭이 엄마를 통해서 주도록 하였다. 새끼 원숭이는 밥 먹는 시간을 제외하고는 헝겊으로 둘러싸인 엄마원숭이에게 가서 안겨서 지냈다.

그리고 위험한 상황이 생기면 헝겊엄마에게 달려가 안겼다. 새끼원숭이는 밥 먹는 시간을 제외하면 따뜻하고 부드러운 느낌의 헝겊엄마에게 애착을 느낀다. 그리고 어려운 상황이 닥쳤을 때 따뜻함을 주었던 헝겊엄마에게 위안을 받는 실험이다. 따뜻하고 부드러운 느낌이 아이에게 많은 위안을 줄 수 있다는 점을 생각해야 한다.

아이가 어린이집에 오게 되는 경우 아이는 두렵고 불안하다. 나는 교사들에게 당부를 한다. 아이에게 교사의 따뜻한 손길과 눈빛과 부드러운 말습관이 중요하다고 강조한다. 아이는 교사에게 애착을 느끼게 되고 편안하고 위안을 받게 된다고 말했다. 교사들도 어린이집을 다니게 되는 영아들을 부드럽고 사랑스러운 눈빛과 말습관을 가지고 대한다.

또한 부모도 낯선 어린이집 환경에 아이가 많이 불안해할 것을 인지해야 한다. 아이를 맡기고 난 후 저녁 때 아이를 다시 만났을 때 부모의 위안이 필요하다. 이때 부모는 따뜻한 손길과 눈빛 그리고 부드러운 말투로 아이를 대해야 한다. 아이는 낯선 어린이집 환경에 자신을 내버려둔 부모에게 불만스러움을 표현하기도 한다. 아이가 부모를 만났을 때 혹은 아이를 떼어놓으려고 할 때 큰소리로 운다.

이때 부모는 부드러운 목소리로 아이를 안아주고 위로해주어야 한다. "엄마가 없어서 속상했구나.", "엄마 보고 싶었구나.", "엄마 많이 기다렸구나."라고 말한다. 아이는 자연스럽게 '내가 엄마를 보고 싶었고', '낯선 곳이 불안했고', '엄마를 기다렸다'는 것을 부모에게 이해 받게 된다. 엄마는 "엄마 잘 기다려줘서 고마워", "네가 어린이집에서 재미있게 놀았다고 해서 엄마는 기뻐.", "우리 딸 잘 기다려줬네. 대단하다."라고 말한다.

아이는 자신의 행동에 대해 자신감을 가지게 된다. 그리고 부모에게 칭찬을 듣게 되어 자존감이 높아진다. 어린이집에서도 자신이 엄마를 기다리면서 잘 노는 것이 엄마를 기쁘게 하고 돕는 일이라는 것을 알게 되면서 어린이집 적응을 잘 하게 된다. 어린이집에서의 적응이 잘되면 아이는 그곳에서의 생활에 흥미를 느끼고 잘해나가게 된다.

만약 부모가 아이를 만났을 때 "왜 그래? 누가 때렸어?", "무슨 일이 있었어?", "누가 너를 울게 만들었어?"라고 말을 했다면, 아이는 더 깊은 감정 상태로 빠지게 된다. 그리고 자신이 왜 울고 있는지 이유를 분간할 수가 없게 된다. 감정을 이해받지 못하게 되면서 불만이 쌓이게 되기도 한다. 불만이 해소되지 않아 좋지 않은 기억으로 남아 있게 된다.

부모는 계속되는 아이의 울음으로 자신의 아이가 어린이집에 적응을 못 한다고만 생각한다. 이런 아이에게 부모는 계속 불평, 불만의 말습관을 사용하게 된다. 아이는 반항심과 적개심을 표현하게 되면서 부모와의 좋은 기억보다는 안 좋은 기억이 마음에 더 많이 남게 된다. 어린이집에 대한 불안한 마음을 계속 울음으로 표현하게 되면서 슬픈 추억을 더 많이 갖게 된다.

부모가 무관심하거나 아이에게 울지 않을 것을 강요만 하는 것도 아이에게는 불행한 기억으로 남는다. 그래서 어린이집을 처음 보내게 되는 경우 부모에게 협조를 강조한다. 그리고 교사들에게도 부드럽고 따뜻하게 말을 하는 습관을 중시해달라고 한다. 그러면 아이는 교사와의 애착 형성이 잘되어 편안함을 느끼게 되면서 담임보육교사를 믿고 의지하게 된다.

세 살 난 아이를 둔 초등학교 교사인 엄마가 계셨다. 집에서 자동차로 40, 50분 정도 걸리는 곳으로 학교 출근을 하셨다. 그 엄마는 초등학교 교사이기 때문에 8시 30분 이전에는 출근을 하셔야 한다. 그래서 아이를 7시 30분이면 어린이집에 맡기고 출근을 했다. 아이를 깨우지도 않은채 그냥 자는 아이를 둘러업고 왔다. 아침밥도 제대로 먹이지 못한 채로 아이가 어린이집으로 오게 되는 날이 대부분이다.

그리고 아이는 편식하는 습관이 굉장히 심했다. 주로 과자나 빵, 요구르트 같은 간식류는 잘 먹지만 점심 식사에는 통 관심이 없었다. 엄마는 그런 아이가 늘 걱정이셨다. 그래서 대화장에 '우리 아이 점심 잘 먹여주세요.'라는 부탁의 글을 적어 보냈다. 점심 때 아이가 있는 반에 가서 봤다. 아이는 밥을 물고 앉아 있었다.

보육교사가 여러 번 권유해보았다. 아이는 먹고 싶지 않은지 입을 딱 닫고 있다. 그러면 억지로 먹일 수가 없다. 신학기에는 교사와의 애착이 중요하다. 그런데 아이가 먹기 싫어하는 밥을 먹이겠다고 억지로 지도하다 보면 아이는 교사가 밉고 싫어진다. 그리고 자신을 이해하지 않는다고 생각하면서 교사와 아이는 신뢰 있는 애착 형성이 힘들다.

내가 나서서 부모와 상담을 했다. 엄마와 통화를 하면서 "예서 어머니, 예서가 밥을 잘 먹지를 않아요."라고 말했다. 예서 엄마는 "네, 알고 있어요. 집에서도 예서가 밥을 잘 안 먹어요."라고 대답하셨다. 나는 "그렇구나. 예서의 식습관은 어떤가요?"라고 말하자 예서 엄마는 아이가 편식이 심해 밥 먹이는 것이 힘들다고 했다.

나는 "부모님이 예서가 밥을 잘 먹기를 바란다고 해서요. 예서가 먹기 싫은 것을 교사가 자꾸 먹으라고 해야 돼요. 그러면 예서는 선생님이 미울 거 같아요."라고 말했다. 예서엄마는 "그렇죠~"라고 대답했다. 나는 "그래서 신학기 동안은 예서가 밥을 먹지 않더라도 우리가 이해를 하면 어떨까요?"라고 말했다. 그리고 "예서가 지금은 어린이집이 낯설기도 해요. 편안하지 않으니 밥 먹는 것도 불편할 거예요."라고 말했다.

예서 엄마는 "그런 생각은 못했어요. 초등학교 학생들처럼만 생각했어요. 세 살 아이 입장을 생각 못 했어요."라고 대답했다. 나는 영아들의 특성에 대해 충분히 설명을 해드렸다. 그리고 "선생님이 부드러운 말투로 아이에게 안정감을 느끼게 해야 하는데 아이가 싫은 것을 억지로 지도하다 보면 선생님에게 애착 형성이 잘 안됩니다.", "그러면 아이는 늘 불안해서 적응이 더딜 수 있습니다."라고 말씀드렸다.

예서엄마는 교사여서 그런지 이 부분에 대해 더욱 이해를 잘 해주셨다. 아이의 적응 상황과 식생활에 대한 부분을 매일 대화장에 적어 드리며 소통하기로 했다. 또한 엄마에게 아침을 주먹밥 도시락에 싸주면 어린이집에서 먹이겠다고 했다. "아이가 일어나자마자 밥을 먹기는 힘들어요."라고 말했다. 예서엄마는 자신이 너무도 세 살 아이 심정을 이해하지 못했다면서 반성하셨다. 이후 예서는 엄마가 싸준 도시락을 어린이집에서 먹었다.

한 달 정도 지나자 예서는 어린이집에서의 생활이 익숙해졌다. 점심때도 식사에 관심을 보이기 시작했다. 그리고 다양한 음식에 대한 식생활 습관도 조금씩 나아지는 모습이 보였다. 그리고 무엇보다도 예서가 선생님을 너무 좋아했다. "선생님 예뻐?"라고 물으면 예서는 "응. 선생님 예뻐~"라고 말했다.

나는 부모들에게 아이들이 어린이집에 있는 동안 좋은 느낌, 행복한 추억을 많이 주고 싶다고 말한다. 아이가 살아가다 보면 어려운 일을 당하거나 해결해야 할 문제들을 만난다. 이때 '할 수 있다'는 자신감을 가지고 도전해야 한다. 하지만 꼭 성공만이 있는 것은 아니다. 내가 도전했던 일이 실패하거나 한계를 극복하지 못할 경우가 있다. 아이가 바닥으로 떨어지게 된다. 자존감이 많이 떨어질 것이다. 이때 훌훌 털어버리고 다시 일어설 수 있는 힘이 우리 아이들에게 있어야 하다. 이런 힘의 기본은 어릴적 좋았던 기억, 행복했던 추억들이다. "세상은 믿을 만한 곳이고 다시 도전할 만한 곳이야."라는 긍정적인 생각으로 훌훌 털어버리고 다시 도전하는 아이로 살아가는 데 큰 힘이 된다. 내 아이가 이렇게 살아간다면 정말 행복한 아이로 성장해나가게 되는 것이다.

07
—

좋은 거울을 보면서 자란 아이가
마음이 강한 아이로 자란다

대한민국의 엄마들은 자식 일에는 열정을 다 한다. 10년 전 TV뉴스에서 부모들이 유치원 입학을 위해 줄을 서는 모습을 본적 있다. 이불을 둘러쓰고 며칠째 밤을 새고 식구가 돌아가면서 대기를 하는 영상이었다. 이런 모습은 사회 뉴스에 몇 년간 계속 보도된 적이 있었다. 이후 입학대기 시스템이 구축되면서 그런 진풍경은 사라졌다. 그것 말고도 우리나라 고3 엄마의 수능기는 다른 나라에서는 이해가 되지 않는 일 중 하나다. 우리나라 학부모의 학구열은 세계적으로 토픽감이다.

하지만 꼭 나쁜 것만은 아니다. 다들 방법만 다를 뿐 자신의 아이가 부모보다 좋은 인생을 살기를 바라고 있다. 나도 마찬가지였다. 딸아이가 초등학교에 들어가기 시작하면 공부를 잘해서 좋은 학교로 진학하고 좋은 대학을 가서 좋은 직장을 가지기를 바랐다. 내가 못다 이룬 꿈을 이루기를 바라는 마음도 컸던 것이다.

올해 77세의 친정엄마는 슬하에 아들 하나, 딸 넷을 두셨다. 다들 결혼해서 손주가 12명이다. 가끔 엄마는 우리에게 그런 말씀을 하신다. "부모들이 너무 욕심 부리지 마라. 부모 욕심 때문에 아이들을 망친다.", "그리고 건강이 제일이다. 건강하면 다 된다."라고 말씀하셨다. 나는 아이를 낳아서 키우면서 친정엄마의 말뜻을 잘 이해하지 못했다.

지금은 두 아이를 대학생이 될때까지 키워보니 조금 이해가 됐다. 아이를 먼저 이해하라는 것이었다. 재능을 타고난 아이도 있지만 그렇지 않은 아이도 있다. 아이의 재능에 맞춰 성장할 수 있도록 도와주라는 것이다. 부모의 지나친 열정으로 아이를 높은 기준에 맞추려고 하면 아이도 부모도 힘들다. 그러다 보면 몸도 마음도 건강도 잃게 된다는 뜻이었다.

1남 4녀 중 오빠는 제일 맏이이다. 부모의 관심은 오로지 아들인 오빠에게 집중되었다. 오빠는 초등학교 4학년 때쯤 건강이 안 좋아져서 종합병원에 입원하고 시름시름 앓았다. 병원에서는 뇌의 문제일 수도 있다는 진단을 했었다. 부모님은 하나뿐인 아들이 죽을 수도 있다는 생각에 충격을 받으셨다. 엄마는 오빠의 병구완을 위해 이리저리 뛰어다니셨다.

다행히도 오진이었는지 오빠의 병중에 차도가 조금씩 있었다. 오빠는 퇴원해서 집으로 돌아왔다. 엄마는 "무엇 때문에 좋아진 건지 잘 모르겠다. 아무튼 이것저것 최선을 다해서 먹이고 운동시키고 하다 보니 차도가 있더라. 뭐니 뭐니 해도 건강이 제일이다."라고 말했다. 아이가 아무리 잘난 재능이 있더라도 건강을 잃으면 아무 소용이 없다는 말을 그때부터 강조하셨다. 엄마는 자식들에게 학업을 강요하는 일이 없었다. "밥은 먹고 살 거다. 하고 싶은 일을 하고 살아라."라고 말씀하셨다.

친정엄마는 우리를 학원 한번 보내지 않으셨다. 자식들에게 부족함 없이 자라게 해주지 못해 미안하시다고 하신다. 성격이 강하고 급하신 아버지 옆에서 늘 자식들을 감싸고 이해해주려고 하셨다. 가끔 사춘기 손자손녀들이 부모와 갈등이 생긴 것을 아시면 손자손녀를 감싸 안아주신다. 언젠가 내가 딸과의 갈등이 생겼을 때 친정엄마는 손녀에게 "우리 집으로 오라"고 하시고는 잠시 감정을 가라앉힐 시간을 만들어주셨다.

손녀에게 할머니가 자식들은 키우며 살아온 이야기를 해준다. 자식들을 풍족하게 해주지도 못했고 좋은 옷을 사준 적이 없지만 오남매를 배곯지 않게만 키우기 위해 매일 따뜻한 밥을 해주셨다. 이것이 자식들에게는 따뜻함으로 남아 있다. 그런 자식들이 잘 커줘서 너무나 고맙다는 말을 손녀에게 했다. "너네 엄마, 아빠도 너희들이 잘 커줬으면 하는 그런 마음일 게다."라고 말해줬다.

그리고 친정엄마는 나에게 전화를 했다. "손녀가 집에 가고 싶어 하니 데려가라."라고 말했다. 아이를 데리러 갔더니 친정엄마는 나에게 "아이가 하고 싶은 것을 할 수 있게 해줘라."라고 말했다. 나는 "알았어요."라고 대답한다. 엄마는 "자식을 잃고 나면 후회해도 소용없다. 부모가 져야지. 엄마도 너네 키울 때 다 그랬다."라고 말하셨다. 나는 "알았어요."라고 말하고 딸을 데리고 집으로 왔다.

차를 타고 가면서 딸에게 "마음이 조금 풀렸니? 엄마도 엄마가 처음이라 실수를 많이 해. 미안해."라고 말했다. 딸아이도 "엄마 죄송해요. 저도 엄마한테 잘하고 싶어요. 그런데 잘 안 돼요. 나도 내가 왜 이러는지 모르겠어요."라고 대답했다. 나는 순간 '내 딸도 어쩌지 못하는 사춘기라서 힘들구나. 그래, 맞아, 부모인 내가 아이를 더 이해해야지.'라는 생각이 들었다.

딸에게 "엄마가 미안해. 엄마도 너를 더 이해해야 하는데."라고 말했다. 딸은 나에게 "엄마는 훌륭해요. 엄마는 제 롤모델이에요."라고 대답했다. 나는 "딸한테 이런 말 들으니 감동인데. 엄마도 네가 내 딸로 와줘서 너무 고마워~"라고 말했다. 그리고 딸은 "할머니가 좋은 할머니라서 엄마도 할머니 닮았나 봐요."라고 말했다. 나는 "우리 딸도 엄마 닮았으니까 잘해낼 거야. 파이팅 하자."라고 대답했다.

생각해보면 나는 나의 엄마로부터 받은 따뜻함으로 마음이 단단한 성인으로 자랐다. 내가 단단하게 자랄 수 있도록 나의 엄마는 좋은 본보기

거울이 되었다. 자식들을 위해서는 무슨 일이든 하셨고 당당하게 세상을 사셨다. 고생을 하시면서 살아온 것을 우리 자식들이 잘 알고 있어서 우리 딸 넷은 돌아가면서 엄마와 함께하는 시간을 자주 가진다.

딸이 대학생이 되었다. 타지에서 대학생활을 하다 보니 늘 용돈이 부족했다. 딸은 맥도날드에서 아르바이트를 했다. 대학생이 된 후 첫 여름방학이 되었다. 나는 "본가에 오지 않을 거니?"라고 물었다. 딸은 "이번에는 아르바이트 나가야 해서 못 가요."라고 대답했다. 나는 "그렇구나. 그래도 한번쯤 왔으면 하는데? 딸~ 보고 싶어."라고 말했다. 딸이 오기를 기다렸지만 딸의 생각을 존중했다.

방학이 끝나 갈 무렵 제주도 본가에 왔다 가겠다는 연락이 왔다. 그래서 오랜만에 4명 가족이 한자리에 모이게 됐다. 딸은 "엄마, 아빠 이번 토요일에 점심에 시간 되세요?"라고 말했다. 나는 "무슨 일 있니?"라고 물었다. 딸은 "아르바이트 해서 용돈 여유가 생겼어. 엄마, 아빠 삼계탕 사드리고 싶어요."라고 말했다.

우리 부부는 기분이 좋았다. 딸이 가족들을 위해 삼계탕을 사주고 싶다는 생각을 했다니! 딸 마음이 기특했다. 나는 "기특하다. 어떻게 이런 생각을 했어?"라고 물었다. 딸은 "대학가서 잠깐 남자 친구를 사귀었어."라고 말했다. 나는 "맞아. 전에 말한 적 있지."라고 대답했다. 딸은 "친구 만나서 영화 보고 밥 먹고 커피 마시면서 돈을 쓰거든."

나는 "그랬구나."라고 대답했다. 딸은 "그런데 엄마, 아빠 생각이 났어."라고 말했다. "남자친구에게 쓰는 돈이 안 아깝다고 생각하며 썼어." 딸은 돌아보니 부모님이 자신한테 용돈 줄 때 이런 마음이구나 하는 것을 느꼈고 부모에게 꼭 맛있는 것을 사드리고 싶었다는 것이다. 나는 딸이 남자친구와 헤어져서 속상할 텐데 의연하게 견디는 중이구나 하고 생각했다.

그리고 딸을 보면서 '우리 딸은 참 단단하게 컸구나.' 느꼈다. 나는 "부모를 생각하고 위하는 마음을 가지는 딸이 대견하고 고맙다."라고 말했다. 그리고 부모의 시간을 생각해서 미리 묻는 딸의 태도에 기분도 좋았다. 친정엄마도 우리 5남매가 잘 커줬다면서 "고맙다"는 말을 자주 한다. 나도 내 딸이 잘 커준 거 같아서 "고맙다"는 말이 저절로 나왔다.

아이를 잘 키우기 위해 실천하려고 노력했던 말습관들이 어느덧 생활에서도 다른 사람을 존중하며 말하는 습관이 들도록 영향을 주고 있다. 먼저 부모에게 시간이 있는지 물어보고 삼계탕을 사드리고 싶다는 아이의 말을 들었을 때는 기특하고 고마웠다. 그리고 대화하는 도중에 남자친구가 있었다는 말을 들었을 때 "지금 남자친구를 사귈 때니?", "대학가서 뭐하는 거야."라는 말보다는 딸아이를 믿고 있다는 말을 했다. 존중하고 믿는 말습관은 우리 가족이 좋은 관계를 유지할 수 있도록 해주었다고 한 번 더 느끼게 되었다.

나는 20년간 고부 문제로 남편과도 갈등이 있었다. 내가 힘들다고 친정엄마에게 자주 말하면 친정엄마는 나를 나무랐다. 그런데 최근 친정엄마가 나를 이해해주실 일이 있었다. 그 일을 경험한 후에 친정엄마는 "우리 딸 참 착하다. 그동안 네가 얼마나 힘들었는지를 이제야 내가 알게 됐다. 엄마가 그동안 너를 이해 못해줘서 미안하다."라고 말했다. 다른 누구의 말보다도 나는 위안이 되었다. 나는 눈물도 났지만 내 마음속이 단단해짐을 느꼈다. 나와 친정엄마는 삶의 동반자로서 서로 배우기도 한다. 그리고 나도 좋은 모습을 보여주고 있다는 것을 깨달았다.

나는 성실하고 따뜻한 좋은 부모의 거울을 보고 자랐다. 그 단단함을 바탕으로 내 아이를 키우는 동안 어려운 점이 생겼을 때 피하지 않고 더 공부하고 실천하며 극복했다. 이런 나의 단단함을 좋은 거울 삼아 내 아이들도 단단한 아이로 성장하고 있다. 단단한 마음을 가진 내 아이들은 세상을 살면서 어려움, 고난, 시련이 왔을 때 더욱 빛을 발할 것이다. 누구에게나 시련은 있다. 알을 깨고 나오는 새처럼 고난을 잘 견디고 극복하여 축복을 느끼며 세상으로 나아갈 것이다. 두려움이 없는 강한 아이가 될 것이다. 그리고 행복함을 아는 성인으로 살아갈 것이다.